『中国饭碗』丛书

丛书主编　师高民

花开节高·芝麻

牛彦绍　编著

『十四五』时期国家重点出版物出版专项规划项目

南京出版传媒集团
南京出版社

图书在版编目（CIP）数据

花开节高·芝麻 / 牛彦绍编著. -- 南京：南京出版社, 2023.10
（“中国饭碗”丛书）
ISBN 978-7-5533-4330-3

Ⅰ. ①花… Ⅱ. ①牛… Ⅲ. ①芝麻—青少年读物 Ⅳ. ①S565.3-49

中国国家版本馆CIP数据核字（2023）第160278号

丛 书 名　“中国饭碗”丛书
丛书主编　师高民
书　　名　花开节高·芝麻
作　　者　牛彦绍
绘　　图　刘憬臻
出版发行　南京出版传媒集团
南 京 出 版 社
社址：南京市太平门街53号　邮编：210016
网址：http://www.njcbs.cn　电子信箱：njcbs1988@163.com
联系电话：025-83283893、83283864（营销）　025-83112257（编务）

出 版 人　项晓宁
出 品 人　卢海鸣
责任编辑　刘　娟
装帧设计　赵海玥　王　俊
责任印制　杨福彬

制　　版　南京新华丰制版有限公司
印　　刷　南京凯德印刷有限公司
开　　本　787毫米×1092毫米　1/32
印　　张　4.125
字　　数　59千
版　　次　2023年10月第1版
印　　次　2023年10月第1次印刷
书　　号　ISBN 978-7-5533-4330-3
定　　价　28.00元

用微信或京东
APP扫码购书

用淘宝APP
扫码购书

编委会

特邀顾问

郄建伟　洪光住　曹幸穗　任高堂　娄源功　戚世钧
卞　科　刘志军　牛进平　张成志　孙云茂　王发明
李　昭　李景阳　王凤成　何东平　郑邦山　王云龙
高志信　刘红霞　李志富　常兰州　惠富平　魏永平
苏士利　闫新善　冯伯利　李建成　赵　奕　任罗乐
倪　婉　潘　力　蓝韶清　张　凌　张永太　张　华

主编单位

河南工业大学　　中国粮食博物馆
河南省首席科普专家师高民工作室

支持单位

中国农业博物馆　　郑州大学
西北农林科技大学　　沈阳师范大学
隆平水稻博物馆　　中国农业大学
银川市粮食和物资储备局　　武汉轻工大学
苏州农业职业技术学院　　山东商务职业学院
湖南农业大学　　西南民族大学

总序

“Food for All”（人皆有食），这是联合国粮食及农业组织的目标，也是全球每位公民的梦想。承蒙南京出版社的厚爱，我有幸主编“中国饭碗”丛书，深感责任重大！

“中国饭碗”丛书是根据习近平总书记“中国人的饭碗任何时候都要牢牢端在自己手中，我们的饭碗应该主要装中国粮”的重要指示精神而立题，将众多粮食品种分别著述并进行系统组合的系列丛书。

粮食，古时行道曰粮，止居曰食。无论行与止，人类都离不开粮食。它眷顾人类，庇佑生灵。悠远时代的人们尊称粮食为“民天”，彰显芸芸众生对生存物质的无比敬畏，传达宇宙间天人合一的生命礼赞。从洪荒初辟到文明演变，作为极致崇拜的神圣图腾，人们对它有着至高无上的情感认同和生命寄托。恢宏厚重的人类文明中，它见证了风雨兼程的峥嵘岁月，记录下人世间纷纭精彩的沧桑变迁。粮食发展的轨迹无疑是人类发展的主线。中华民族几千年农耕文明进程中，笃志开拓，筚路蓝缕，奉行民以食为天的崇高理念，辛勤耕耘，力田为生，祈望风调雨顺，粮丰廪实，向往山河无恙，岁月静好，为端好养育自己的饭碗抒写了一篇篇波澜壮阔的辉煌史诗。香火旺盛的粮食家族，饱经风雨沧桑，产生了众多优秀成员。它们不断繁衍，形成了多姿多彩的粮食王国。“中国饭碗”丛书就是记录这些艰难却美好的文化故事。

我国古代曾以“五谷”作为全部粮食的统称，主要有黍、稷、菽、麦、稻、麻等，后在不同的语境中出现了多种版本。在文明的交流融汇中，各种粮食品种从中东、拉美和中国逐步播撒五洲，惠泽八方。现在人们广泛称谓的粮食是指供食用的各种植物种子的总称。

随着人类社会的发展、科技的进步和人们对各种植物的进一步认识，粮食的品种越来越多。目前，按照粮食的植物属性，可分为草本粮食和木本粮食，比如，水稻、小麦、大豆等属于草本粮食；核桃、大枣、板栗等则是木本粮食的代表。按照粮食的实用性划分，有直接食用的粮食，比如，小麦、水稻、玉米等；也有间接食用的粮食，比如说油料粮食，包括油菜籽、花生、葵花籽、芝麻等。凡此，粮食种类不下百种，这使得“中国饭碗”丛书在题材选取过程中颇有踌躇。联合国粮食及农业组织（FAO）指定的四种主粮作物首先要写，然后根据各种粮食的产量大小和与社会生活的密切程度进行选择。丛书依循三类粮食（即草本粮食、木本粮食和油料粮食）兼顾选题。

对于丛书的内容策划，总体思路是将每种粮食从历史到现代，从种植到食用，从功用到文化，叙写各种粮食的发源、传播、进化、成长、布局、产能、生物结构、营养成分、储藏、加工、产品以及对人类和社会发展的文化影响等。在图书表现形式上，力求图文并茂，每本书创作一个或数个卡通角色，贯穿全书始终，提高其艺术性、故事性和趣味性，以适合更大范围的读者群体。力图用一本书相对完整地表达一种粮食的复杂身世和文化影响，为人们认识粮食、敬畏粮食、发展粮食、珍惜粮食，实现对美好生活的向往，贡献一份力量。

凡益之道，与时偕行。进入新时代，中国人民更加关注食物的营养与健康，既要吃得饱，更要吃得好、吃得放心。改革开放以来，我国的粮食产量不断迈上新台阶，2021年，粮食总产量已连续7年保持在1.3万亿斤以上。我国以占世界7%的土地，生产出世界20%的粮食。处丰思歉，居安思危。在珍馐美食和饕餮盛宴背后，出现的一些奢靡浪费现象也令人触目惊心。恣意挥霍和产后储运加工等环节损失的粮食，全国每年就达1000亿斤以上，可供3.5亿人吃一年。全世界每年损失和浪费的粮食数量多达13亿吨，近乎全球产量的三分之一。“一粥一饭，当思来之不易；半丝半缕，恒念物力维艰。”发展生产，节约减损，抑制不良的消费冲动，正成为全社会的共识和行动纲领。

“春种一粒粟，秋收万颗籽”，粮食忠实地眷顾着人类，人们幸运地领受着粮食给予的充实与安宁。敬畏粮食就是遵守人类心灵的律法。感恩、关注、发展、爱惜粮食，世界才会祥和美好，人类才会幸福生活。我们在陶醉于粮食恩赐的种种福利时，更要直面风云激荡中的潜在危机和挑战。历朝历代政府都把粮食作为维系国计民生的首要战略目标，制定了诸多重粮贵粟的政策法规，激励并保护粮食的生产流通和发展。行之有效的粮政制度发挥了稳邦安民的重要作用，成为社会进步的强大动力和保障。保证粮食安全，始终是国家安全重要的题中之义。

国以民为本，民以食为天。在习近平新时代中国特色社会主义思想指引下，全国数十位专家学者不忘初心、精雕细琢，全力将"中国饭碗"丛书打造成为一套集历史性、科技性、艺术性、趣味性为一体，适合社会大众特别是中小学生阅读的粮食文化科普读物。希望这套丛书有助于人们牢固树立总体国家安全观，深入实施国家粮食安全战略，进一步加强粮食生产能力、储备能力、流通能力建设，推动粮食产业高质量发展，提高国家粮食安全保障能力，铸造人们永世安康的"铁饭碗""金饭碗"！

师高民

（作者系中国粮食博物馆馆长、中国高校博物馆专业委员会副主任委员、河南省首席科普专家、河南工业大学教授）

前言

芝麻，也称“脂麻”，学名Sesamum indicum，是中国人喜爱的油料作物之一。目前中国的芝麻产量位于大豆、花生、菜籽、棉籽、葵花籽之后。芝麻安全是中国粮食安全的一个重要组成部分。近年来，伴随中国人民生活质量的不断提升，中国成为世界芝麻消费量最多的国家，但中国芝麻播种面积有些下降，每年总产量不足50万吨，每年总进口量80万吨左右，说明中国所需芝麻对进口有较大的依赖性。

芝麻作为一种古老的农作物，其起源地有多种观点。有人认为起源于印度次大陆。据相关资料，在印度恒河流域，发掘出炭化芝麻籽，距今已有5000余年的历史。有人认为世界有多个芝麻起源地。非洲的埃塞俄比亚以及亚洲的印度是第一中心，中亚的巴基斯坦等是第二中心，中国云贵高原为次生中心。在浙江省湖州市钱山漾新石器时代遗址和杭州市水田畈史前遗址中出土了一些炭化芝麻籽，这说明中国至少有2000多年芝麻栽培史。

中国明朝宋应星的《天工开物》中说："胡麻即脂麻……今胡麻味美而功高，即以冠百谷不为过。"这里的脂麻即芝麻。歇后语云"芝麻开花——节节高"，比喻生活或事物不断发展、提高。芝麻籽营养物质丰富，种类齐全，香味醇厚，平均含油量为54%，被称为油中之王，制成的油被中国人称为"香油"。芝麻不仅为人们提供较多的美味食品，还是生产动物饲料、植物碱等的主要原料。不断升级的芝麻加工、深加工技术，使芝麻在医疗、保健等领域的应用也得以长足发展。同时，芝麻在栽培、加工中产生了很多有趣的故事、俗语，极大地丰富了中华传统文化。

本书结合几千年来芝麻的生产实践活动，从芝麻的植物特性、起源传播、栽培历史、产能分布、种植管理（包括病虫害及其防治）、储备流动、油酱提取、传统制品、医用和食疗保健作用等方面对芝麻进行较为全面的描述和演绎。笔者力图融芝麻的知识性、文化性、趣味性为一体，使人们认识了解芝麻，让爱惜粮食成为人们良好的自觉行动。

目录

大家好！

我是芝麻大哥！

我源于亚洲，散播亚洲、非洲、北美洲、南美洲、欧洲五大洲，喜欢高温，主副食中都见我。

人类栽培芝麻，传播芝麻，珍藏芝麻，加工芝麻，改良芝麻，推动芝麻家族繁衍生息。

一、源头印记

人类产生后，出于生存的需要，就采摘野生植物、狩猎，但还是吃不饱。智慧的人们，经过长期的实践活动，发现一些可以食用的植物能够被种植。大约在中石器时代晚期或新石器时代早期，距今约一万年，人类开始驯化植物，芝麻就是其中的一种。

芝麻在中国古代文献中有许多名称，宋朝之前称胡麻、巨胜、方茎、狗虱、交麻、油麻，宋朝才叫芝麻。芝麻种子呈卵圆形，像狗身上生的虱子，这就难怪南北朝时期南齐人把芝麻叫狗虱。芝麻种子黑色的如煤炭，黄色的如金子，白色的如牛奶，褐色的如红木。

芝麻

1. 芝麻印象

如果你的家在芝麻产区，说起芝麻你一定不会陌生。你可能玩过这样的游戏，用双手掰开即将成熟的芝麻蒴（shuò）果，用指甲尖儿勾起半个芝麻蒴内部的薄皮再放开，籽就会蹦进你的嘴里。你慢慢地嚼起芝麻籽，香喷喷的，真是既好玩又好吃！

芝麻是一年生自花授粉草本植物，喜欢高温，不喜欢潮湿。芝麻植株有的高，有的矮小，由种子（籽）、根、茎、叶、花、蒴果等多个器官组成。

芝麻种子通常为卵圆形或椭圆形，先端圆，基部

芝麻茎秆、叶、花、根、蒴果

尖。芝麻种子非常小，平均大小3.4毫米×1.95毫米，千粒重为2.5~3.5克，最小的仅有1.2克。难怪人们常常把芝麻视作小、不重要的事物，如“芝麻官”，指职位低、权力小的官。人们编写演出的戏剧《七品芝麻官》，颂扬古代小芝麻官不畏权势敢于为百姓做主伸张正义的行为。又如“芝麻粒大”比喻很小的东西或事情，“芝麻西瓜一把抓”比喻参与一切主要、次要的事情。

芝麻种子由种皮、胚乳、胚组成。种皮是用来保

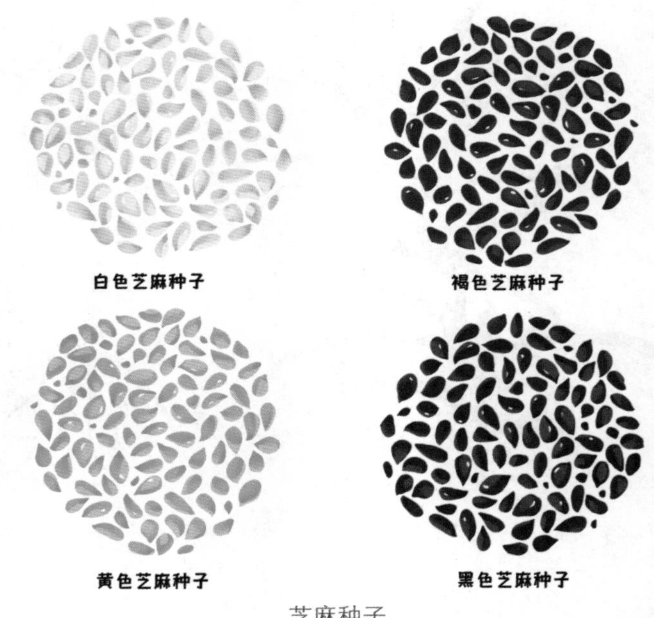

芝麻种子

护种子的，被称为种子的“铠甲”。种皮有不明显的疣点、浅网纹，颜色有白、黑、黄、褐等。胚是种子最重要的部分，可以发育成根、茎、叶等器官，可繁衍后代、食用、药用等。

芝麻根由主根、侧根组成。主根短而稍粗，侧根长在主根上，向各方延伸，多而细密，有固定植株并从土壤中吸收水分、营养的作用。

芝麻茎秆是直立的，有单秆型、分枝型（有多个枝）。茎秆大多数为方形，多数呈绿色，紫色较少，表面有的有茸毛。茎粗2.5厘米左右。株高一般在100~120厘米。茎秆是输送水分、养分的“管道”，也是撑起芝麻植株的“骨头”。

芝麻叶为披针形、长椭圆形、卵圆形等，微有毛，颜色是绿色的。叶由叶片、叶柄构成。叶片可不像小麦、玉米的叶片那样单一，有多种形状，如全缘叶、缘缺刻叶等。叶片一般长6~15厘米，叶柄长1~5厘米。芝麻叶是制造营养物质的重要器官。

芝麻花由苞叶（刺状，长在花柄底部，颜色为绿色）、花柄（长在茎与叶柄连接的夹角处）、花萼（五裂形，有的萼片上有茸毛）、花冠（5个花瓣合成的筒形唇状，颜色有白色、紫色，花冠中包含着雌蕊、雄蕊）4部分组成。花期夏末秋初。歇后语云：“芝麻开花——节节高”，即芝麻每一层开花，就向上长一节，比喻景况越来越好，如生活或事业不断发展、提高。也作“芝麻开花——节节上升”。花是用来繁殖后代的，主要作用是花的雄蕊和雌蕊结合，完成受精，产生受精卵。

芝麻果实称蒴果，形状为矩圆，蒴果棱数有四

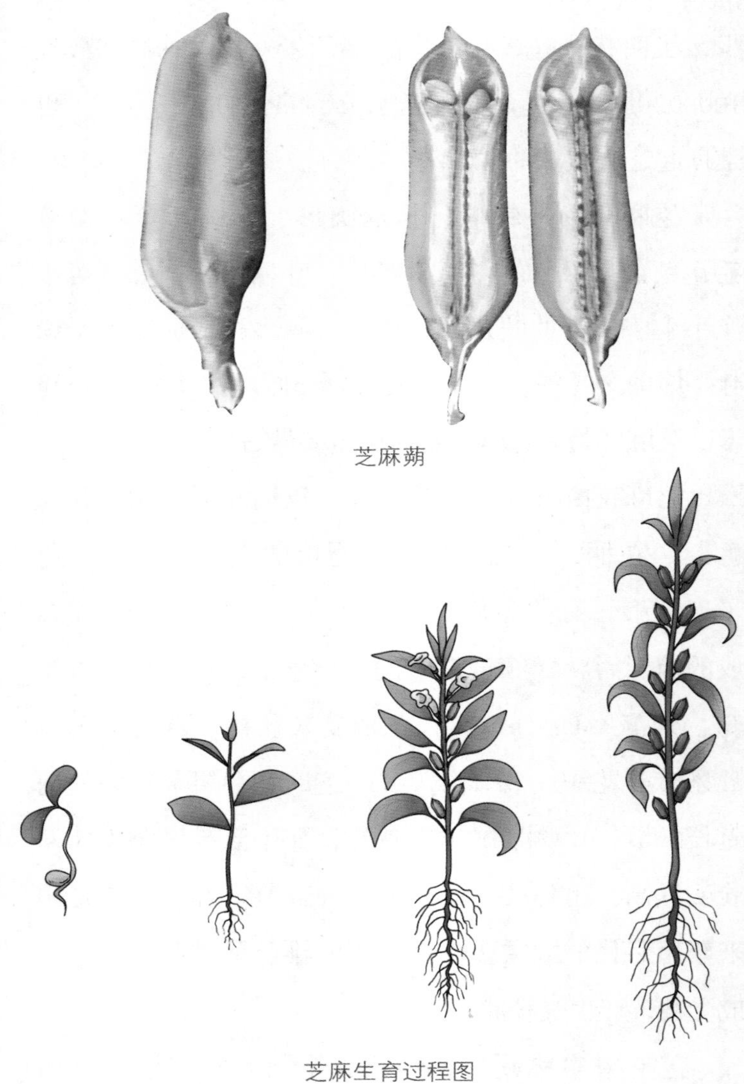

芝麻蒴

芝麻生育过程图

棱、六棱、八棱三种，四棱较多，每个植株的蒴果数一般有34~268个。每个棱内都有一列芝麻籽，整齐地排列在蒴果里。等到成熟了，包就会自然裂开，一粒粒的小芝麻籽就会蹦出来。有的一株芝麻茎上会长出六棱、八棱蒴果。蒴果主要作用是繁衍后代，蒴皮的作用是保护芝麻种子。

任何植物都有一定的生育期，芝麻也如此。芝麻生育期是芝麻一生经过的时间，主要包括发芽出苗期、幼苗生长期、开花结蒴期和灌浆成熟期。同时，芝麻生长发育还需要适宜的温度、光照、水分和土壤条件，天时地利缺一不可。

2. 芝麻本源

任何作物都是由野生植物经过栽培、驯化而来。芝麻的起源地是指芝麻由野生变成栽培的地方。通常，在芝麻的起源地，有丰富的芝麻基因，有其野生祖先。

关于芝麻的起源地，长期以来学者没有一致看法，主要有以下两种观点。

印度次大陆是芝麻起源地。这是因为在巽他群岛、爪哇、印度等地均发现了野生芝麻。公元前1500年前的前雅利安时期，芝麻从马来西亚、印度尼西亚传入印度。考古学发现证实芝麻的栽培开始于印度次大陆的巴基斯坦。据相关资料，在印度恒河流域，发掘出炭化芝麻籽，距今已有5000余年的历史。

据《百喻经》（5世纪古印度僧人僧伽斯那所著）记载，有名农夫听说芝麻能够滋补养生，决定种植芝麻。他买芝麻种子时，询问老板种植芝麻的方法。老板给他耐心解答。这名农夫还是不相信，他想尝尝芝麻的味道，就抓了一把芝麻种子放入嘴里，“这芝麻怎么不香？种了它能卖出去吗？”老板说：“你拿生芝麻吃，当然不好吃。炒熟的芝麻才又香又有营养啊！”于是，农夫就买了一袋芝麻。回家之后，农夫把这袋芝麻炒熟，一尝，这芝麻种子果然香味浓厚。他便把这芝麻种子播种到地里，每天照看，有了草就除草，十几天过去了，芝麻种子还没有发芽。邻居也是一名农夫，他看到那名农夫苦恼的样子，就说：“我帮你看看。”他蹲下翻开土，惊讶地说：“你的芝麻种子怎么是熟的？”农夫把种子店老板的话重述了一遍，邻居听后笑道：“种子店老板教你的种植方法没有错，你照此做也没有错，他告诉你炒熟的芝麻会香，这是食用时的做法，不是播种时的处理方法。炒熟的芝麻种子如何会发芽？”

世界有多个芝麻起源地。苏联植物学家瓦维洛夫的《主要栽培植物的世界起源中心》认为芝麻有多个起源地，非洲的埃塞俄比亚以及亚洲的印度是第一中心；中亚的巴基斯坦、阿富汗、塔吉克斯坦、乌兹别克斯坦是第二中心；中国云贵高原为次生中心，因有矮秆的本地特殊类群。这种看法得到多数学者的赞同。有关栽培种的祖先种，学者持有不同的观点。有学者认为印度的大部分地区分布着祖先种。

中国是芝麻的原产地。《神农本草经》说：“胡麻……一名巨胜。生川泽。”瓦格纳著《中国农书》载：“芝麻是热带植物，云南特多。”在云南石鼓、合庆等地区，发现有野生芝麻。

芝麻是中国古老的作物之一，栽培历史较长。据东晋葛洪《神仙传》中记载的神话故事，鲁女生，生活在东汉末年，长乐（今福建省福州市长乐区）人，他特别喜欢吃胡麻（即芝麻），并坚持吃了80多年。他基本上以芝麻充饥，没有吃过其他粮食。他100多岁

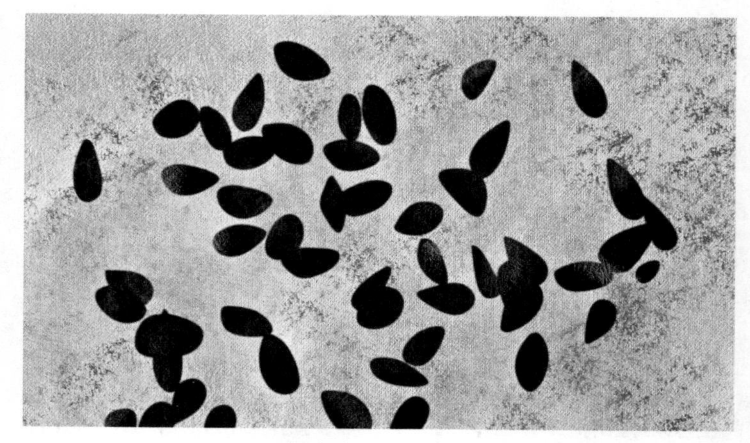

良渚遗址芝麻种子

时，身体依然非常健壮，看起来像青壮年一样，健步如飞，走路的速度赶得上獐、鹿的奔跑，日行百里毫不费劲。

根据一些史书记载，一般认为中国栽培芝麻起源于西汉张骞出使西域时将芝麻种子从大宛（在今中亚细亚）带到中国，但在《汉书·西域·大宛国列传》《汉书·张骞列传》等中并无此记述。1956年、1959年，分别在浙江吴兴县（今浙江省湖州市吴兴区）钱山漾新石器时代遗址和杭州水田畈史前遗址中出土了一些已经炭化的芝麻种子，比张骞出使西域早200~500年。这说明中国至今有2000多年芝麻种植史。

3. 芝麻传播

因为人们还没有搞清楚芝麻何时何地被驯化的，所以芝麻从其起源地向外传播存在三种看法。第一种，非洲埃塞俄比亚作为栽培芝麻的起源地。芝麻先在北非周围传播，其次进入伊拉克美索不达米亚平原，然后传入印度恒河流域，最后传到南欧、亚洲地中海沿岸国家等地。第二种，印度次大陆作为芝麻的起源地。芝麻于公元前1500年从属于印度尼西亚的巽他群岛、爪哇传到印度、幼发拉底河，同时传入埃

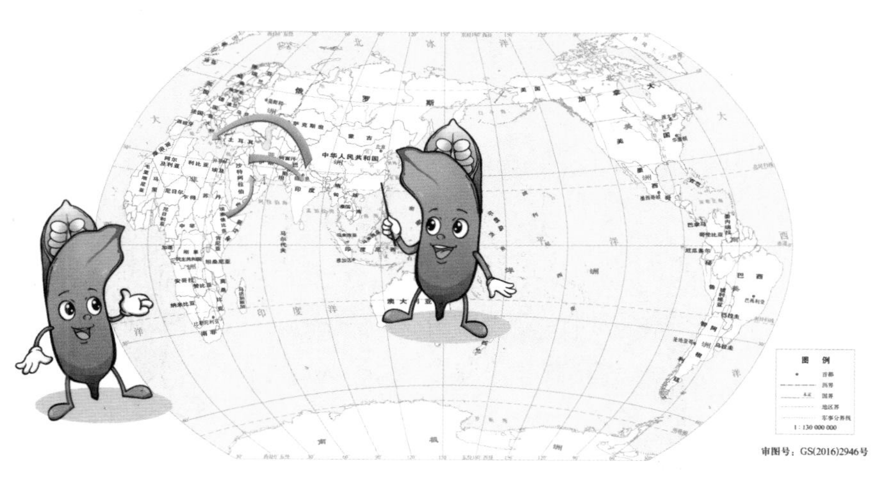

芝麻传播路径示意图之一

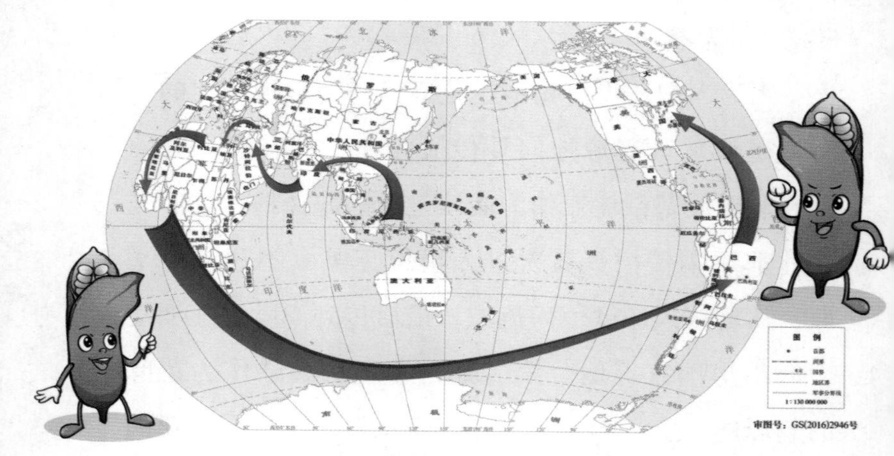

芝麻传播路径示意图之二

芝麻传播路径示意图之三

及。后来，葡萄牙人从非洲几内亚传播至巴西，以后扩散至美洲其他地方。第三种，中国云贵高原作为芝麻的起源地。芝麻沿着云贵高原各个河流流向往四处扩散，伴随人们的流动传播到长江流域、黄河流域，也可能随着人们的迁移传播到南亚、东南亚，包括其沿海的岛屿。

4. 小秀中华

中国历代文献史料中对芝麻有多种称呼，如西汉《氾胜之书》中的“胡麻”，东汉《神农本草经》中的“巨胜”“胡麻”，三国时《吴普本草》中的“方茎”，南齐时《名医别录》中的“狗虱”“胡麻”，唐朝时《食疗本草》中的“油麻”，至宋朝才叫芝麻。

为什么芝麻在古代叫胡麻？据《逸周书·谥法解》记载，周公旦与太公望安葬周成王之后，制定了谥（shì）法（古代帝、后、大臣死后，根据其生前事迹评定褒贬所给予的称号）。其中，保民耆艾曰胡，弥年寿考曰胡。通常对保护百姓生活安稳，使其寿终正寝者或年高长寿者以“胡”为谥号，“胡”作为谥号与“长寿”有关。据东汉末郑玄注的《仪礼·士冠礼》所言：“胡，犹遐也，远也。”“胡”字有“远、大”的意思。

中国栽培芝麻的历史悠久。芝麻作为一种植物可以食用，味道香美，富含多种营养物质，很早便受到中国人民的重视和利用。

西周时期，中国已经在陕西关中种植芝麻。西汉时期，陕西关中地区已经普遍种植芝麻，芝麻种植取得了一定的经验。如胡麻（芝麻）种植行距为33.3厘米。开沟点播和坑穴点播，天旱要浇灌。这些在西汉晚期的《氾胜之书》（中国最早的农书）中都有描述。

北魏时期，芝麻的种植环境和播种时间、播种方式、收获、脱粒等种植技术得到了前所未有的发展。北魏贾思勰的《齐民要术》对黄河中下游地区的芝麻栽培技术进行了科学、系统地总结。

据传，山东济阳县清宁寺（始建于唐朝贞观年间）北部有个北郭村，村中有一家富户，该户有个老夫人生了病，吃喝不下，卧床不起，生命垂危。她有一个孝顺的儿子，亲自到清宁寺烧香拜佛，为其母亲祈福祛病。在儿子的诚心祈祷、精心调养下，她的身体慢慢好转。为报答佛恩，他们为清宁寺捐出寺东较近的18亩良田，专门种植芝麻，供应清宁寺的佛殿灯油。灯光明亮，气味芳香。此后，寺庙专门抽人在这18亩地上种植芝麻，延续多年。

南宋时期，芝麻中耕的时间、次数、收获时间等种植技术被长江下游的人民掌握。例如在芝麻真叶刚绽开时锄第一遍，疏苗，之后锄两遍，芝麻就长得茂盛，农历7~8月可以收芝麻。这些均在《陈旉农书》中有记载。

明朝时期，芝麻的种植整地、播种方法、播种时间等种植技术有了进一步的发展，走向更精准化。例如芝麻种植的整地包括把田土打碎、杂草除干净，实行畦（qí）作或垄作；播种方式是以稍湿草木灰拌种后撒播；播种时间最早是农历三月，最迟是在大暑前。这些在宋应星的《天工开物》中均有描述。

清朝时期，芝麻的中耕等种植技术有了更进一步的发展。如在芝麻苗长至6.7~10厘米时，锄第一遍，在芝麻苗长到13.3~16.7厘米时，锄第二遍，在芝麻苗长到23.3~26.7厘米时，锄第三遍。这些在清朝的《三农纪》中都有记载。

《天工开物》

自1960年以来，中国农业科学院与有关单位收集芝麻种质资源5000份，以此建立长期库、中期库；对芝麻种质资源开展系统研究，选育出许多新品种，如河南的豫芝4号、豫芝Dw607、郑芝13号、郑芝15号、驻芝14号，湖北的332、鄂芝5号，安徽的皖芝2号，中国农业科学院利用太空技术培育的中芝11号，等等。

1949年，中国芝麻总产量为32.6万吨，单产量为348千克/公顷。1978年，中国芝麻总产量为32.2万吨，单产量为505.5千克/公顷。2021年，中国芝麻总产量为45.5万吨，单产量为1596千克/公顷。这说明中国芝麻种植技术有了极大的提高。

随着科学技术的发展，人们不断运用现代化手段深入研究、应用芝麻种植新技术，培育出更多的新品种，使芝麻产业得以更好发展，以优质芝麻更好地满足人民的需要。

二、鸟瞰分布

1. 全球芝麻产能

芝麻是喜欢高温的作物，生长于热带地区以及部分温带地区。全球芝麻种植区域主要分布在北纬40度和南纬40度之间。

2015—2021年，世界芝麻产量每年平均增长1%。2021年，世界芝麻总产量635.4万吨，其中，非洲占比59%，亚洲占比37%，美洲占比4%。可见，世界芝麻主产洲是非洲和亚洲。

2021年，世界芝麻主产国（地区）72个；世界芝麻产量前六名分别是：苏丹、印度、坦桑尼亚、缅

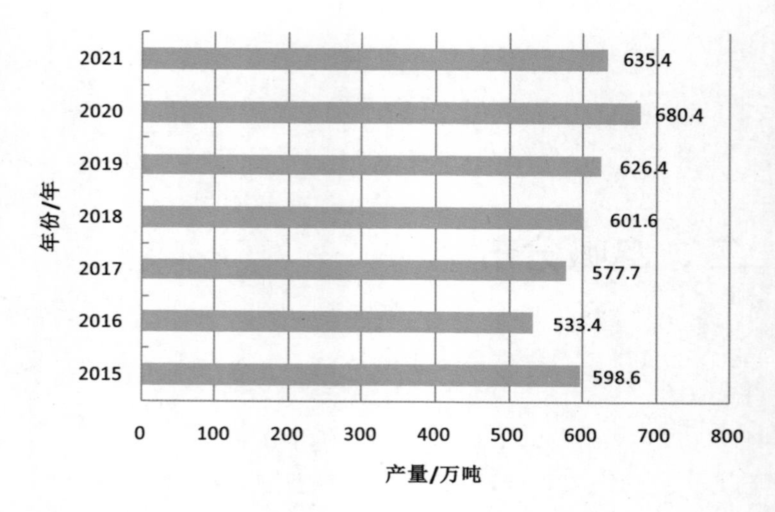

2015—2021 年世界芝麻产量统计

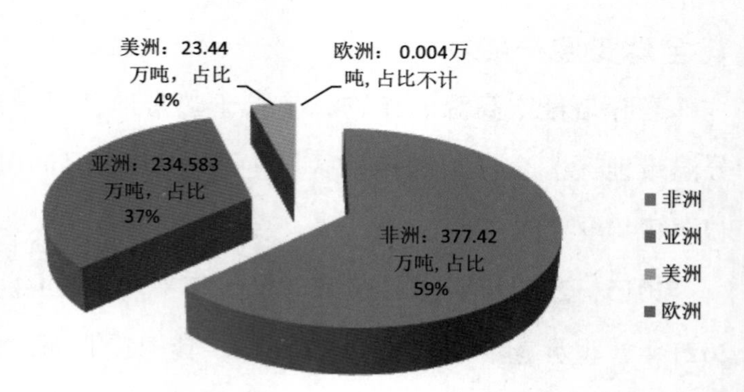

2021 年世界芝麻主产洲芝麻产量及占比情况

甸、中国、尼日利亚，这6个国家芝麻产量合计占世界芝麻总产量的66%。

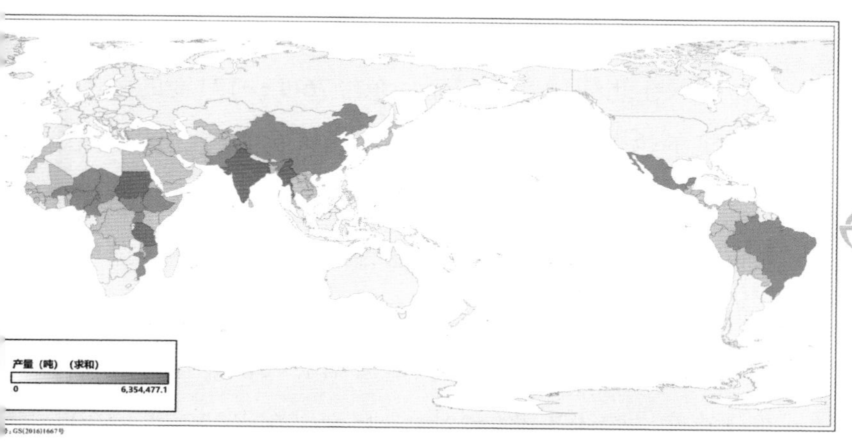

2021 年世界芝麻主产国（地区）分布示意图

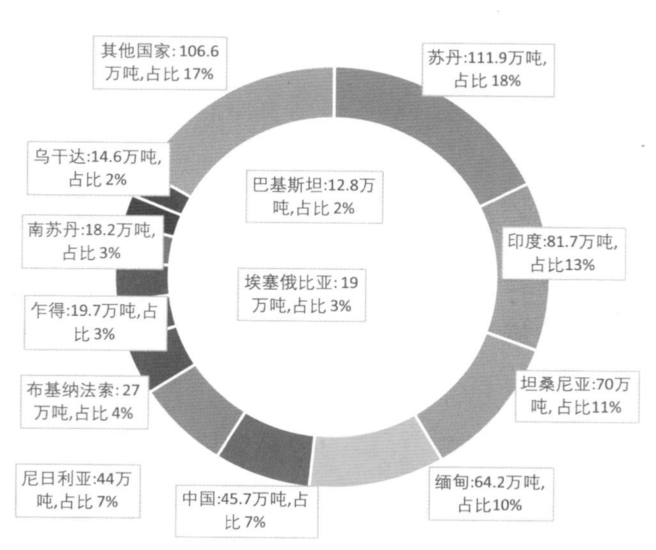

2021 年世界芝麻主产国芝麻产量及占比情况

2. 中国芝麻分布

中国在北纬18度—47度、东经76度—131度的范围内，属于热带温带区，有平原、山区、丘陵、黄土高原，适宜芝麻种植。绝大多数地方都栽培芝麻，芝麻分布非常广泛。《中国芝麻品种志》显示，中国芝麻分为7个生态区，主要生态区如下：

黄淮夏芝麻区。该区包括河南、安徽、江苏北部部分地区，集中于北纬32度—35度、东经112度—120度范围内。本区是中国芝麻主要产区之一，占全国芝麻种植面积的40%左右。该区气候、土壤较适宜芝麻种植，但生长季节常有涝灾。

江汉夏芝麻区。该区包括河南南阳、湖北大部分地区（鄂东除外）、陕西关中、渭南地区，位于北纬28度—35度、东经106度—115度范围内。本区是中国芝麻主产区之一，占全国芝麻种植面积的27%—28%。该区适宜芝麻种植，生产水平高，产量稳定，但常遇涝害。

华中南、华南的春、夏、秋芝麻区。该区包括江西、湖南、广西、广东、福建、海南，华中南分布于北纬24度—30度、东经108度—115度，华南主要分布于北纬20度—25度、东经115度—121度，约占全国芝麻种植面积的10%。该区气候炎热，雨量充沛，芝麻多种于丘陵薄地。

2015—2021年，中国芝麻产量每年平均增长0.2%，总体上呈现小幅度上升。2021年，中国芝麻总产量为45.5万吨，其中，河南18.2万吨，占比40%；湖北13.1万吨，占比28.8%；江西3.9万吨，占比8.6%；安徽2.3万吨，占比5%；上述4省芝麻总产量为37.5万吨，占总产量的82.4%。可见，中国芝麻主要分布在河南、湖北、江西、安徽。

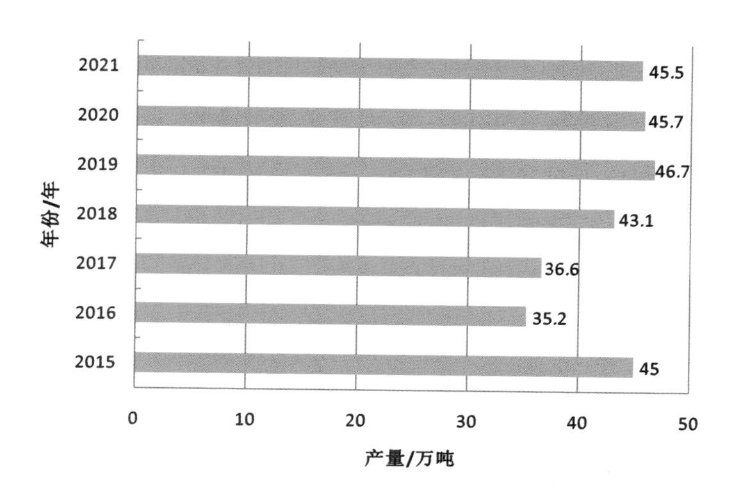

2015—2021 年中国芝麻产量统计

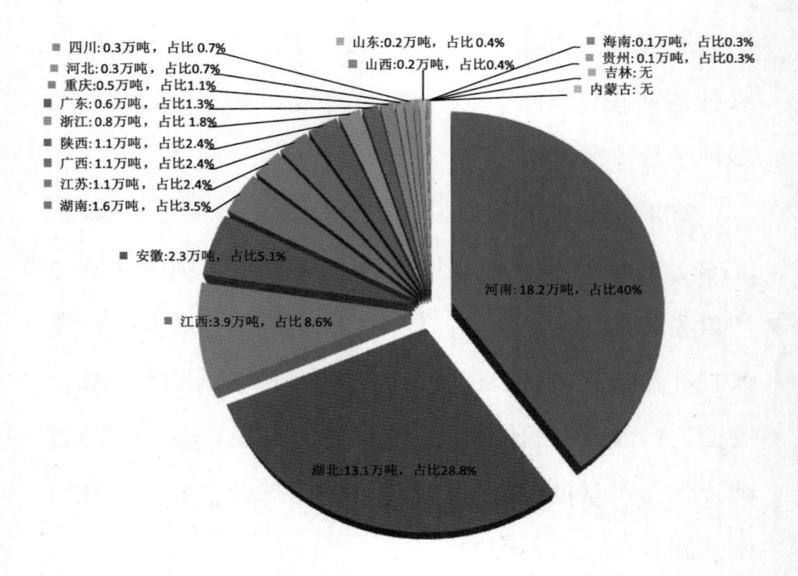

2021 年中国芝麻主产区产量统计及占比情况

湖北襄阳—河南南阳、驻马店、周口—安徽阜阳、宿州等地，形成一条白芝麻集中种植带，这是中国芝麻最大种植带。其中，河南驻马店市平舆县为芝麻之乡，气候温暖，雨量充沛，土地肥沃，其白芝麻以个大籽饱、香味浓、皮薄肉厚、色泽洁白等的优异品质而享誉国内外，甚至被作为改善其他产区芝麻口感的添加品。

中国芝麻生产面临一些困难和挑战。产量低而不稳，生产成本不断提高，生产机械化水平较低，生产

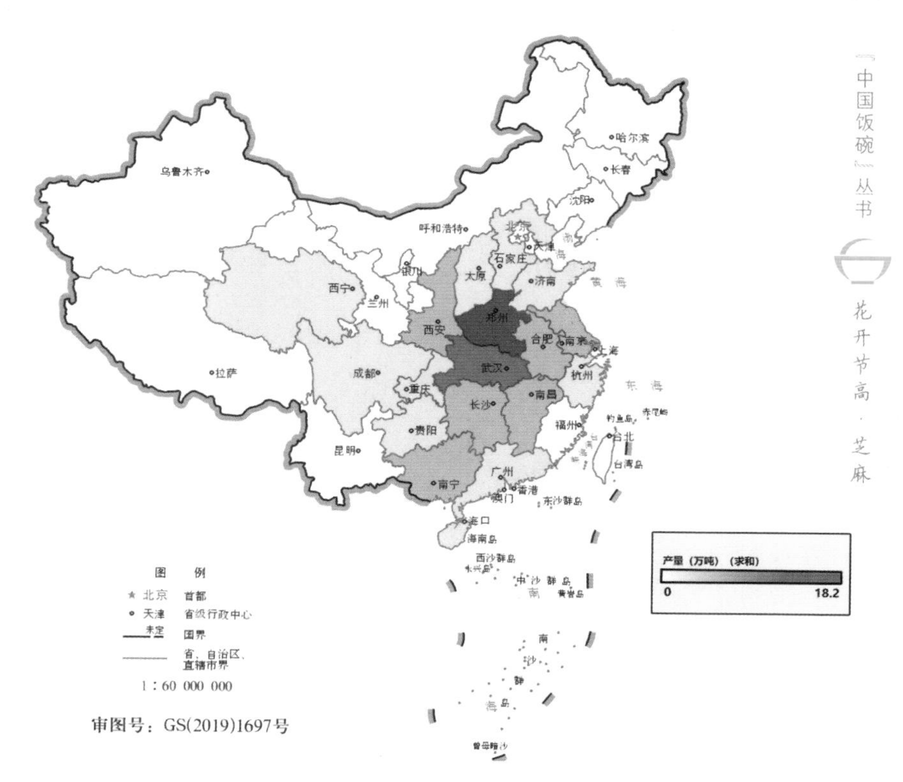

2021 年中国芝麻主产区分布示意图

资料价格、人工成本上涨。与种植其他农作物所获效益相比，芝麻种植效益较低。

三、种植呵护

1. 选地整地

种植芝麻，先要选择合适的地块。谚语云：“荒地种芝麻，一年不出草”“高地种芝麻，年年无大差”“高地芝麻洼地豆”。盐碱地、低洼地、沼泽地、重（chóng）茬地都不适宜芝麻种植。

同一块地上年种植芝麻今年又种植芝麻叫连作或重茬。芝麻种植为什么不可重茬？谚语云：“芝麻怕重茬，重茬易发瘟。”瘟，指病害，如茎点枯病、青枯病等。这些病会使芝麻植株发育不良，导致芝麻产量减少。下药治瘟，有农药残余在芝麻中的风险。芝麻重茬种植会使土地营养失调，导致芝麻产量减少。

谚语云：“芝麻换茬胀鼓鼓。”种植一些作物两年多后，才可再次在同一地块里种植芝麻。可种植的作物有小麦、水稻、油菜、大豆、花生、高粱、甘薯等。

芝麻种子较小，出苗时种子顶土能力非常弱，平整土地显得十分必要。夏芝麻、秋芝麻，都在气温高、蒸发量大的季节播种，精细耙地整地，一方面保证在土壤含水量大的情况下盖住播下的种子，另一方面保障在土壤含水量小的情况下盖种子保墒〔保墒（shāng）就是保持住土壤适宜的温度，以有利于农作物的发芽和生长〕。因而，在芝麻种植前，要对地块深耕平整，像梳子梳发一样梳理土地，耙平耙碎，细耙压紧松土。

谚语云：“要想芝麻收，全靠开好沟。”黄淮、江淮及长江流域芝麻产区要开挖好及畅通“三沟”即畦沟、腰沟、围沟。

夏芝麻最好采用垄作。垄作是指在高于地面的土壤上种植作物的一种耕作方式。垄作的主要优点：增大土壤空隙度，有利于作物根系生长；增大土壤受光面积，吸热快散热快，有利于光合产物的积累；排涝抗旱，涝后可以顺沟排水，旱时可以顺沟灌溉。起的垄之间保持等行距40厘米或宽窄行60：20厘米（指芝麻行间距为一行宽一行窄，宽行距离为60厘米，窄行距离为20厘米）。

夏芝麻也可以畦作。畦作是在平地上开沟作畦以种植作物的一种耕作方式。畦面整成龟背形。畦作的

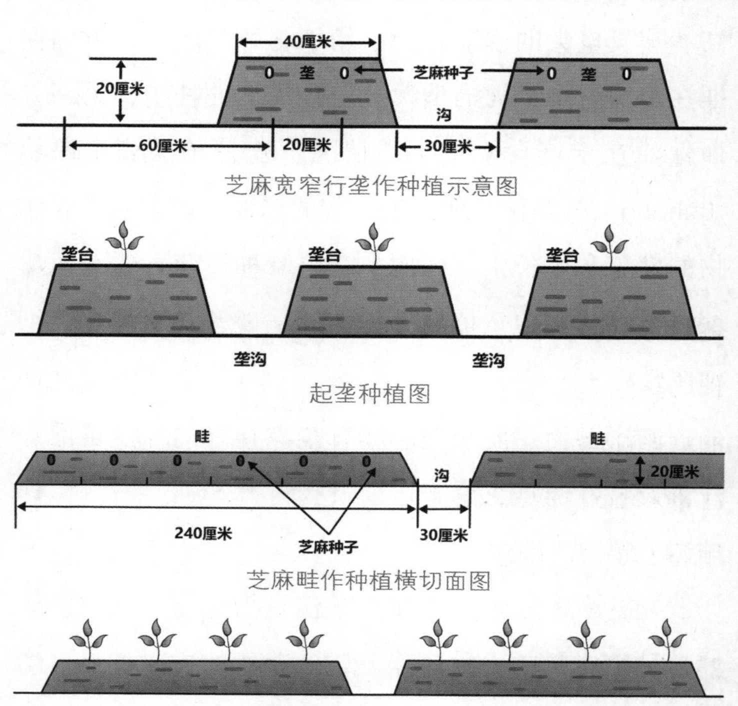

芝麻宽窄行垄作种植示意图

起垄种植图

芝麻畦作种植横切面图

芝麻畦作生长情况

主要优点：排涝抗旱，涝后可以顺沟排水，旱时可以顺沟灌溉；畦上土壤松散，光照多，有利于作物生长和通风透气。

2. 择优用种

芝麻种子质量决定着生产出芝麻的产量、质量，因而必须选择优质种子。对于油用型品种，主要优良标准为含油量55%以上，产量高，抗涝性强，抗病性高。对于食用保健型品种，主要优良标准为蛋白质含量21%以上，含油量47%以上，产量高，抗涝性强，抗病性高。

目前，适宜各地种植的芝麻优良品种有所不同。黄淮产区，选用油用型白芝麻品种主要有郑芝15号、驻芝14号；食用保健型白芝麻品种主要有豫芝Dw607；油食两用型白芝麻品种主要有郑芝13号。江汉平原和江淮产区，选用油用型白芝麻品种主要有鄂芝5号、皖芝2号；油食两用型白芝麻品种主要有中

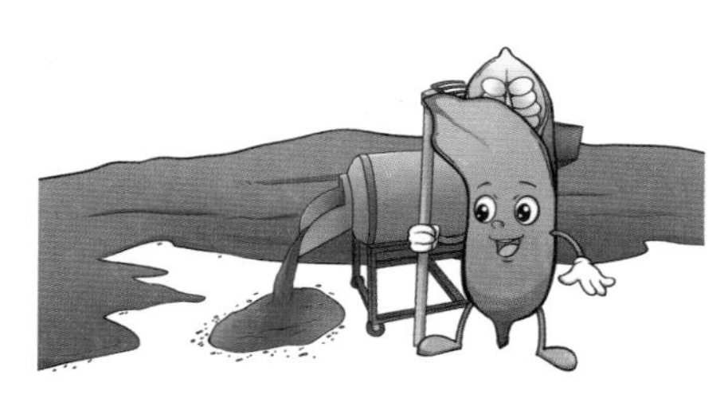

给芝麻种子穿上包衣剂

机械点播芝麻

芝13号。在播种前需要对芝麻种子进行处理。

晒种。为了唤醒休眠状态中的种子，提高发芽率，在播种前1~2 天对种子暴晒。

发芽试验。为了提高芝麻出苗率，应对芝麻种子发芽率进行测试。通常随机取出芝麻种子100粒，以水浸湿它，然后，将它放在湿润、常温下试验。如果发芽率高于90%，就按一般标准播种；反之，就加大播种量或更换其他的种子。

消毒。消毒目的是杀死芝麻种子可能携带的病菌、虫卵等。方法有浸种和拌种。浸种是把种子泡在52℃左右温水中12分钟左右。拌种是在种子中拌入0.3%多菌灵或百菌清等。

3. 及时播种

（1）选择播种方式

芝麻按其播种方式分为点播、条播、撒播。“芝麻耩（jiǎng）浅豆耩深，谷子只需影住身。”“耩”是指用耧（lóu）来耕种。“耧”是播种用的农具，前方用牲畜或人牵引，后面有人把扶，可以同时完成开沟和下种两项任务。芝麻点播、条播均要浅播，一般2~3厘米。点播是按预先设计的行穴距，开坑或沟点种。通常每坑点入7粒种子左右，点播后盖土，行距40厘米，穴距22厘米。点播行穴距一致，节省种子，方便田间管理，但手工点播时工效较低。目前，点播机已发明和推广使用。条播是按预先设计的行距，以牲畜、人力等拉动条播机具播种。条播机具如耧、机械条播机。条播采用等行距40厘米或宽窄行60：20厘米。条播方便大面积机械化播种，有利于苗中耕等田间管理。撒播是以手把芝麻种子抛撒在田间的方式。

（2）选择播种期与播种量

夏芝麻在机械条播后出苗情况

谚语云：“立夏芝麻小满谷。”“夏至五月头，种下芝麻打香油；夏至五月中，十个油房九个空。”春芝麻播种时间为4月下旬至5月上旬。谚语云：“小满种芝麻，亩收一担八”“夏至种芝麻，头顶一朵花”。夏芝麻播种时间为5月下旬至6月上旬。谚语云：“伏里种芝麻，头顶一蓬花”“小暑种芝麻，当头一蓬花”“立秋种芝麻，老死不开花”。秋芝麻播种时间为7月上旬、中旬。谚语云：“天旱种芝麻，雨涝种豆子。”芝麻播种应该选择在天旱时。不同播种方式需要的播种量不同。点播用种250克/亩，条播用种300~500克/亩，撒播用种400克/亩。

4. 细心照料

（1）科学施肥

施足底肥。对早熟品种少量施底肥，对中晚熟植品种则多施底肥。如果目标产量100千克/亩，一般施用复合肥25千克/亩。

早施苗肥。出苗比较壮，则不追加苗肥，否则，苗比较瘦弱，需追尿素2~3千克/亩。

重追花肥。谚语云：“芝麻施肥看开花，不多出油不由它。”芝麻在蕾期，生长发育加快，需要很多的养分和水分，氮磷钾吸收占整个生育期的90%，则要多追加肥料，才能使芝麻不受饥饿之苦，追施尿素大约9千克/亩。

（2）合理密植

谚语云：“芝麻稠，不可留，留来留去少出油。”“谷要稀，麦要稠，芝麻地里卧下牛。”合理密植是指单位面积的芝麻植株数量适宜，能够保证芝麻优质高产。但芝麻种植密度会受品种、气候、土壤、种植方式、季节等因素影响。

芝麻种植的密度：春芝麻为1.2~1.5万株/亩，夏芝麻为1.0~1.5万株/亩，秋芝麻为2.0~2.5万株/亩。

（3）及时疏苗

谚语云：“要想吃芝麻油，先破十字头。”在芝麻种子出苗之后，存在因播种量较大造成的幼苗拥挤现象，应当采用人工、机械、化学等方法，去除多余的幼苗，留下壮苗，这种做法称“疏苗”，又叫“间苗”。在适当时间疏苗，可以节省土壤水分和养分，有利于壮苗成长。按预计行株距确定芝麻苗数叫定苗。条播株距为12厘米。在幼苗出现2对真叶前后第一次疏苗，株距为最终定苗株距的1/2，在幼苗出现 4~5对真叶时定苗。

机械施肥情景

定苗后芝麻苗

培土后的芝麻

（4）适时中耕

谚语云："芝麻锄得嫩，等于上了粪""芝麻听脚响，这边锄，那边长""芝麻爱听锄头响，前边锄，后面长"。为了除去芝麻地的杂草、保持土壤湿度等，必须及时中耕，即在芝麻生长期间进行松土、除草、培土等。谚语云：“七锄葫芦八锄瓜，三锄芝麻结疙瘩。”

（5）及时浇水或排涝

谚语云：“旱不死的芝麻。”芝麻播种时有合适的土壤湿度，苗期不缺乏水分，通常不浇水。芝麻开花期，需水分最多。当芝麻缺乏水分呈现茎叶萎缩时，就要及时浇水。当芝麻地积水时，也要及时排水。

芝麻地喷灌

（6）适时打顶

谚语云：“芝麻四样犟：湿种干出，干种湿出，开花朝下，结果朝上。”芝麻自下向上无限地开花，

芝麻打顶

下部蒴果接近成熟，植株上部仍有开花的现象。谚语云："芝麻不打叶，打叶就不结。"即芝麻在生长前期去除叶片，就不结果。谚语云："芝麻把顶掐，结蒴成疙瘩。"芝麻在生长后期受气温降低的影响，植株顶端的花朵不能全部结成蒴果，部分蒴果也不能完全成熟，为了集中养分供给已经形成的蒴果，使芝麻籽粒饱满，增加产量，需要人工去掉芝麻植株顶尖，简称"打顶"。芝麻打顶应把握好时机，打顶太早，会减少结蒴总数，降低芝麻产量；打顶太晚，无法达到调节养分的效果。一般情况下，芝麻打顶时间为初花后21天或盛花后7天。

（7）防止病害

芝麻与其他作物一样，也会患病。芝麻患的病有多种，如芝麻茎点枯病、枯萎病、青枯病、疫病等。这些病的传播途径主要通过种子、土壤中病残体上的菌核。对芝麻疾病不及时治疗，会影响芝麻的健康成长，导致芝麻产量减少，严重的疾病会导致芝麻死亡。

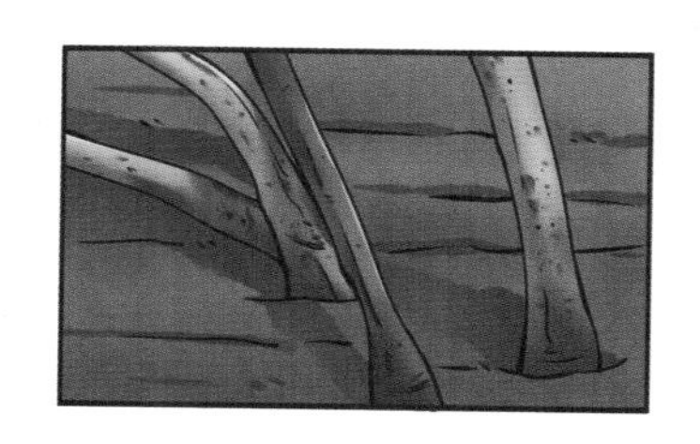

芝麻茎点枯病

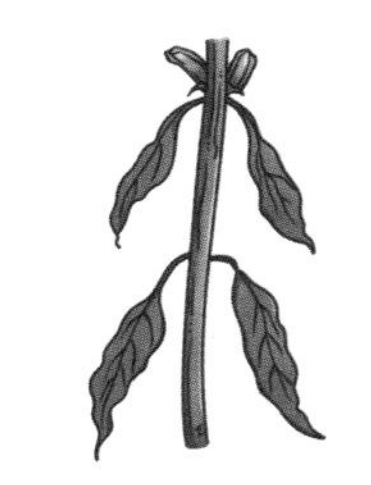

芝麻枯萎病

芝麻青枯病

芝麻疫病

芝麻病害

（8）防止虫害

一些昆虫为了自身生存常常咬食芝麻。它们吃芝麻苗、叶、蒴果，使芝麻不能正常生长，甚至使芝麻死亡。这些昆虫有小地老虎、甜菜夜蛾等。

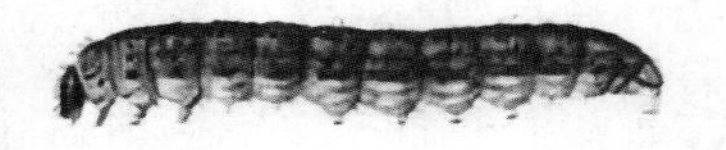

小地老虎幼虫

小地老虎成虫

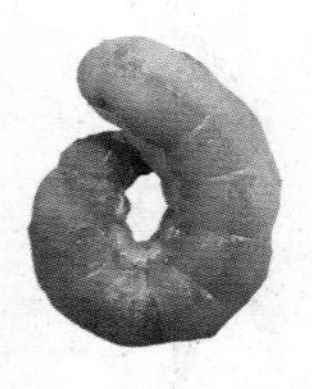

甜菜夜蛾幼虫

甜菜夜蛾成虫

芝麻虫害

5. 适时收获

（1）收割

芝麻植株由浓绿色变成黄色，除了芝麻顶部有较少的叶片外，其余叶片均脱落，下部蒴果有3 个左右微裂，呈现褐色，籽显露出品种固有的颜色，这是芝麻成熟的标志。芝麻可以收割了。芝麻受种植时间、品种、密度、施肥量影响而成熟收割时间不同。春芝麻、夏芝麻、秋芝麻收割时间分别为8月上旬、9月上

成熟芝麻收割

旬、9月下旬。谚语云："旱收芝麻涝收豆。"芝麻成熟收割时段，应该在晴天的早上、傍晚。芝麻传统收割方法是用镰刀在距离地面5厘米左右处向上斜割断。收割现场必须平铺布单等物，方便在布单上打下裂蒴籽。把割下的芝麻植株捆成小束，至少3小束斜靠一起，排列成若干长队，便于光照通风干燥。

（2）脱粒

歇后语云："芝麻不张嘴——硬倒也不中。"

敲击芝麻植株

（本意是芝麻蒴果不裂开口，强行倒不出来芝麻籽。引申指用强硬的手段让人屈服是不行的）歇后语云：“芝麻开口——倒出来了。”（本意是芝麻蒴果裂开口，倒拿芝麻植株可倒出来芝麻籽。引申指把物品全部拿出来或把话全部说出来）

传统脱粒方法，是当芝麻植株晾晒到大部分蒴果裂开时，在平铺的布单上，倒拿芝麻小束，两两互相

裂开的芝麻蒴果

撞击，或以木棍击打芝麻植株，再将它斜靠立一起。谚语云："打不尽的芝麻，摘不尽的棉花。"如此3~4次操作，基本完成脱粒。

6. 高标入仓

在芝麻脱粒后要及时晾晒，避免芝麻因含水量过高而发热变霉。传统晾晒方法是选择阳光明媚的晴

打芝麻

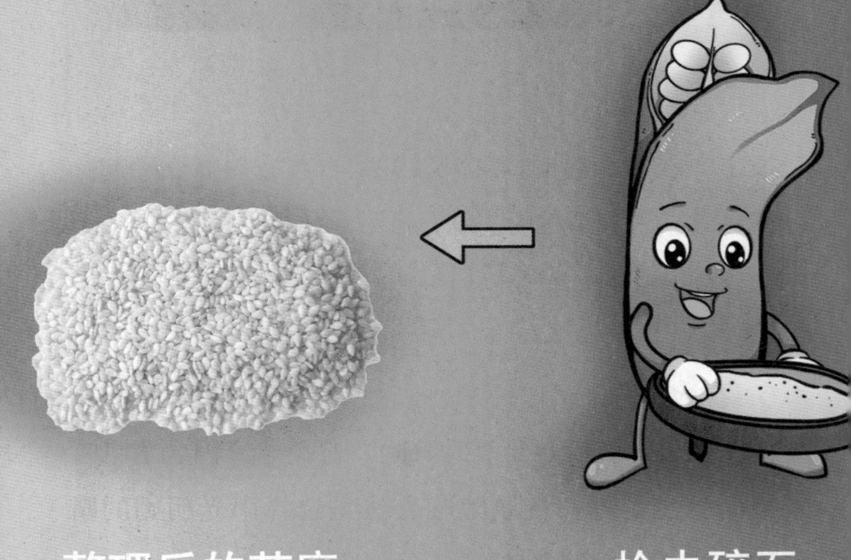

整理后的芝麻　　捡去碎石

筛去杂质
扬去碎末

天，一块场地，通过薄摊、勤翻芝麻籽，促使籽尽快干燥，使其含水量降到7%以下。现代方法是将芝麻拿到烘干房烘干。还要去除杂质，主要杂质为芝麻收获时的叶、秆，晾晒过程中掺杂的小石子、沙粒、泥块等，让芝麻籽含杂量1%以下，力争入库芝麻达到高质量商品标准。

晾晒黑芝麻籽

四、储藏流动

1. 储藏要求

入库芝麻籽，通透性差，易受湿度、温度、霉菌和虫害影响，储藏稳定性差。因而，芝麻籽入库前做到“三过关”：一是仓库环境过关，即仓库经过消毒，环境清洁；二是芝麻籽过关，即籽的水分、杂质含量达到前述入仓要求；三是储藏地点地面通风条件过关，即仓库地面垫有防潮物，通风设施完好。

芝麻籽入库后，必须经常检查芝麻籽垛或堆里的

库存芝麻

温度情况，发现温度、湿度升高或霉菌、害虫，应该及时处理，保障芝麻籽的品质。

2. 传统储藏方法

传统的芝麻储藏方法有包藏法、囤藏法、缸藏法等。包藏法是指将芝麻籽装进袋子储藏的方法。囤藏法是将芝麻籽装进茓（xué）子（用高粱秆或芦苇的篾儿编成的狭长的粗席子）围成的盛粮食的器具内储藏的方法。囤藏时，底面放一些防潮物，把茓子一层层向上卷成圆圈，一层堆积满了，再转一圈堆下一层，堆到合适高度为止。缸藏法是指将芝麻籽装进缸内储藏的方法。

囤藏法

缸藏法

福

福
福
福

3. 现代储藏方法

芝麻现代储藏方法较多，主要有干燥储藏法、通风储藏法、低温密封储藏法、气调储藏法。干燥储藏法是通过干燥来降低入库芝麻籽含水量至安全标准的储藏方法。通风储藏法是通过通风来降低入库芝麻籽垛或堆内湿热的储藏方法。低温密封储藏法是对入库芝麻籽垛或堆进行冷冻、密封的储藏方法。气调储藏法是一种绿色储藏方法，是在密封粮堆或仓库中采用

气调库

低氧（1%以下）、高氮（99%）或高二氧化碳（40%以上）气体储藏芝麻的方法。其原理是低氧、高氮或高二氧化碳明显有利于抑制果实的新陈代谢和微生物的活动。常用的密封材料有聚氯乙烯塑料薄膜、尼龙和聚乙烯的复合薄膜。

4. 芝麻流动

世界各国受地理位置、气候、土壤等条件的影响，有的国家大量生产芝麻，有的国家少量生产芝麻，有的国家不能生产芝麻。又受消费习惯的影响，有的国家不生产芝麻需要消费芝麻，有的国家能够生

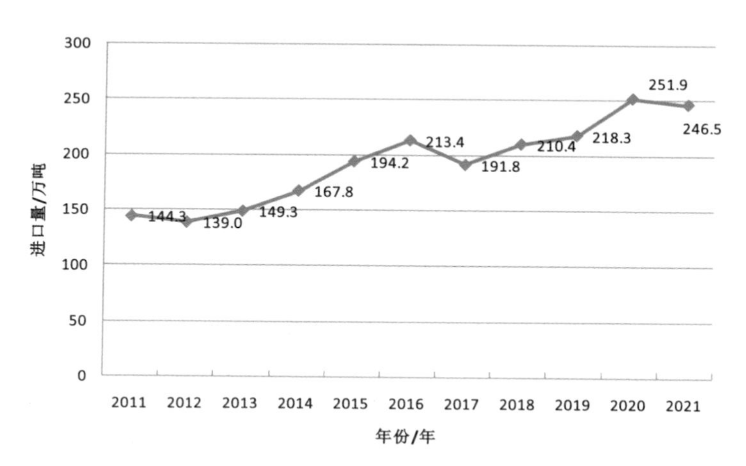

2011—2021年世界芝麻进口量统计

产芝麻而不能完全满足当地人民需要，这就需要从其他国家进口芝麻。2011—2021年，世界芝麻进口量由144.3万吨上升到246.5万吨，每年平均增长5.5%，有较大幅度上升。

有的国家为了获取较高的收益而大量生产芝麻专门用于出口，有的国家为了满足其他国家对一些芝麻品种的需要也出口。2011—2021年，世界芝麻出口量由138.4万吨上升到211.4万吨，每年平均增长4.3%，每年波动较大，总体呈现较大幅度上升。

中国是世界芝麻主产区，也是世界芝麻最大消费

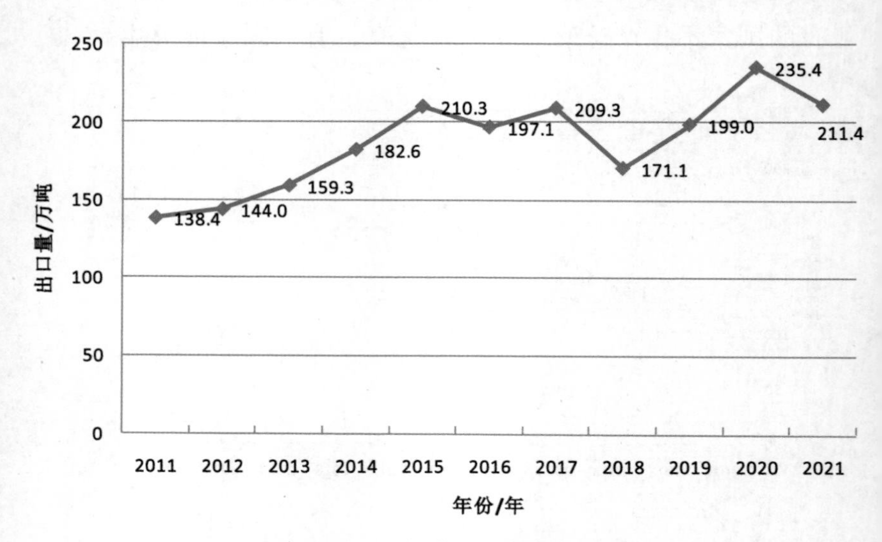

2011—2021 年世界芝麻出口量统计

国。近年来，随着中国经济不断发展，人民生活水平也得以不断提高，自己生产的芝麻不能完全满足自身需要，必须进口一些芝麻。2015—2021年，中国芝麻进口量由80.5万吨上升到117.4万吨，每年平均增长6.5%，每年有波动，总体呈较大幅度上升。这表明中国所需芝麻对进口的依赖性较强。

中国从哪些国家进口芝麻、进口量多少，事关中国芝麻安全问题。2021年，中国主要从32个国家进口芝麻，中国进口芝麻总量约117.4万吨，其中，从尼日尔、多哥、苏丹、埃塞俄比亚、坦桑尼亚、莫桑比

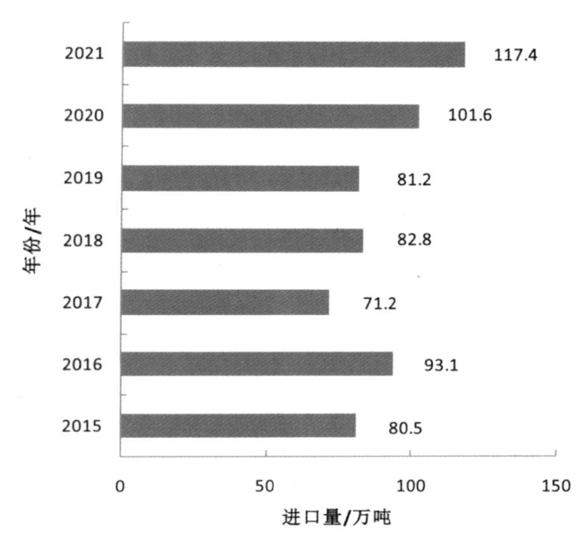

2015—2021 年中国芝麻进口量统计

克、马里、布基纳法索、乌干达9个非洲国家进口芝麻总量约97.3万吨，占中国进口芝麻总量的82.9%。这表明非洲是中国芝麻进口的主要来源地。

中国自己生产的芝麻都不够吃，为什么要供给其他国家？因为中国是一个友好并负责任的大国，一些国家喜欢中国的一些芝麻品种，所以，中国也出口少量的芝麻。2015—2021年，中国芝麻出口量由3.15万吨上升到4.69万吨，每年平均增长6.9%，每年有较大

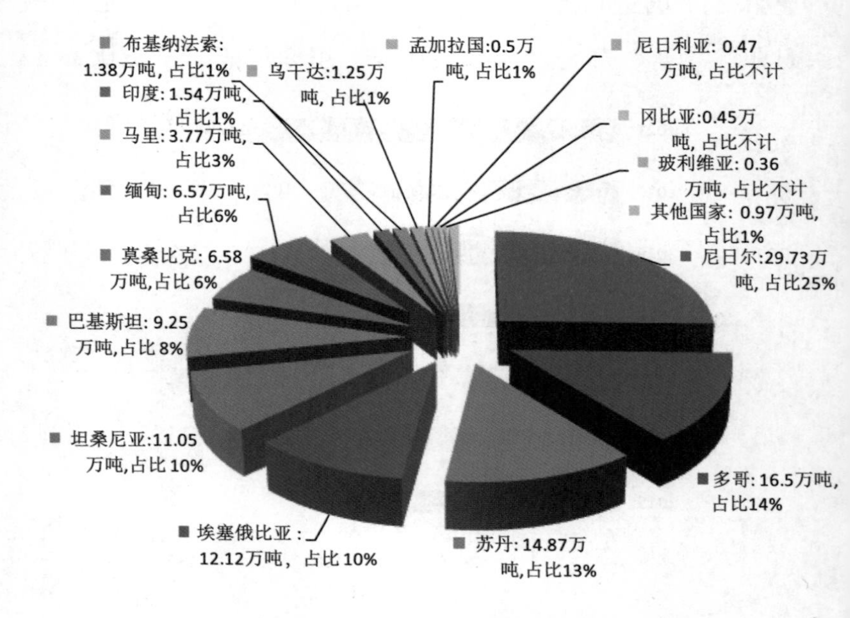

2021 年中国芝麻进口量、来源统计及占比情况

幅度增长，但总出口量很小。2021年，中国向40个国家出口芝麻，其中，向韩国出口3.62万吨，占中国芝麻出口总量的77.2%。可见，韩国是中国芝麻出口的主要去向地，原因是韩国传统消费者偏爱中国芝麻品种。

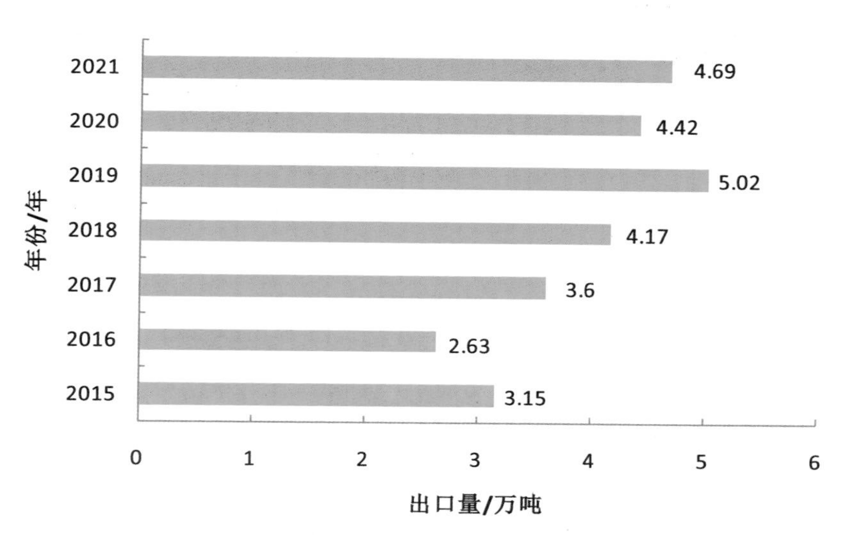

2015—2021 年中国芝麻出口量统计

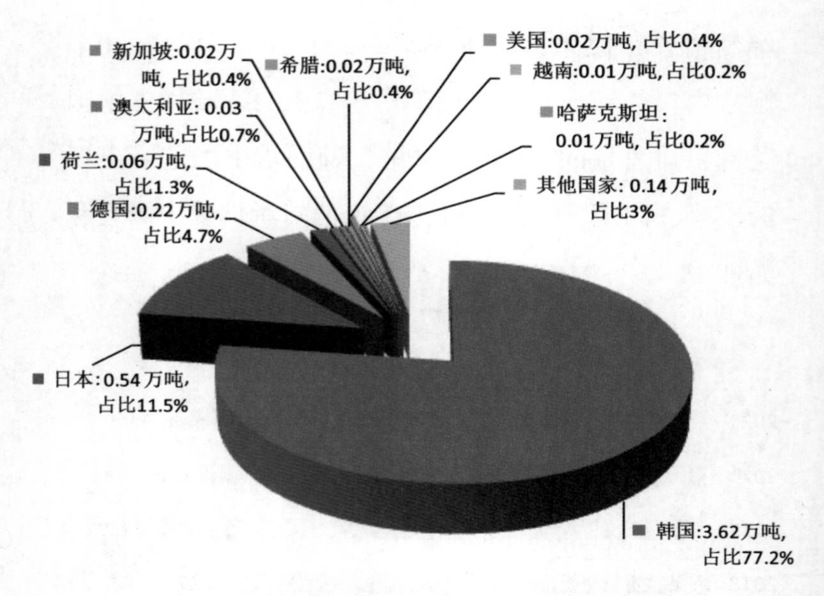

2021 年中国芝麻出口量、去向统计及占比情况

五、油酱提取

1. 芝麻制油简史

中国用芝麻制油的历史久远。芝麻是最早用以制油的作物之一，其次是油菜籽、大豆、花生等。

东汉末年和三国时期，中国开始提取、使用植物油。《三国志·魏书》记载，东吴孙权进攻合肥时，魏国守将是满宠，他把折断的松枝做成火炬，浇上芝麻油，顺风放火进攻船只。这反映了当时已经生产出芝麻油，但不是用来食用的。

魏晋南北朝时期，人们对植物油的认识、利用有很大的提升。《齐民要术》载，把胡麻（即芝麻）送到轧油家。这说明当时已经有了专门的芝麻榨油者。

唐朝产生了官营、私营的手工业油坊，但前者比后者的规模更大，这也标志着中国古代的榨油业已初见雏形。

北宋时期，芝麻在炒焦之后再压榨就得到芝麻油，这样制作的油清香可口，芝麻出油率也高很多，于是，芝麻种植范围迅速扩大，当时的食用油几乎全是芝麻油。这体现在南宋庄绰的《鸡肋编》中。

到了元朝，人们已经熟练掌握了芝麻油的制作方法。榨油机制作材料是4根坚硬的大木，周长166.7厘米，长度333.3厘米。于地上叠作卧床，在上面作槽，在底下用厚板嵌作底盘，在盘上凿成圆形小沟，作为出油通道，通至槽底出口。准备榨油时，先用大锅炒芝麻，炒熟后用碓(duì)舂（chōng）或碾（niǎn）磨破碎，再放到带篦子的锅内蒸，将蒸过的芝麻以草裹成圆形包，把一个个草包放入榨槽内，上方以方杠木压紧，然后竖起插入1根长木楔，用踏碓或手椎(chuí)击打木楔，挤压草包，油就从槽口流出来。榨床有立式的、卧式的。这些在王祯的《王祯农书》中都有记载。目前，在一些农村地区这种古老的制油方法仍在使用。

明朝时期，1408 年山东潍坊崔泽世发明了水代法，这是中国特有的制油方法，此法制取的芝麻油叫作“小磨香油”或“小磨油”。1637年，产生了系统、完整的传统制油方法。宋应星的《天工开物》是世界第一部涉及农业和手工业生产的著作。书中提到四种使用榨具、铲、石碾、踏碓等工具提取芝麻油的方法，分别为水煮法（水代法）、磨法、舂法、压榨法。

到1893年，江苏省已经出现较大型的榨油工场11家，如兴化县的杨源隆油坊，用工人数50人，年产油82500斤。

1894年前，中国的半机械化油厂（坊）最早起源于营口，实际形成的重心在汕头。这里的半机械化油厂，是引进外国的机器替代原来的畜力拉磨、碾。19世纪末，出现了东北地区的立式楔式榨（又称“吊锤打榨”），在汕头流行着另一种卧式大锤榨，在中原、华北、西北地区还有大梁榨，全国使用“水代法”制油相当广泛。

20世纪以来，通过进口、研制和创新，中国的芝

吊锤打榨

卧式大锤榨

大梁榨

麻油提取技术飞速发展，生产力极大提升，生产周期缩短，出油率持续提高。据联合国粮农组织统计，2020年，中国芝麻油产量为28.6万吨。

2. 传统制油方法

（1）水代法

水代法又称“水煮法”，是利用芝麻籽中非油成分对水和油的溶解力的大小，以及油和水之间的比重不同，经过筛选、水洗、焙（bèi）炒、扬烟吹净、磨籽、兑浆、墩油等一系列的工艺流程，采用竹筛子、大锅、浅底平锅、铁耙子、簸箕、石磨等，将油分离出来。芝麻籽经过焙炒和石磨磨浆，采用水代法制取的成品称“小磨香油”。需要用到的设备主要有铁耙子、墩油葫芦、石磨等。

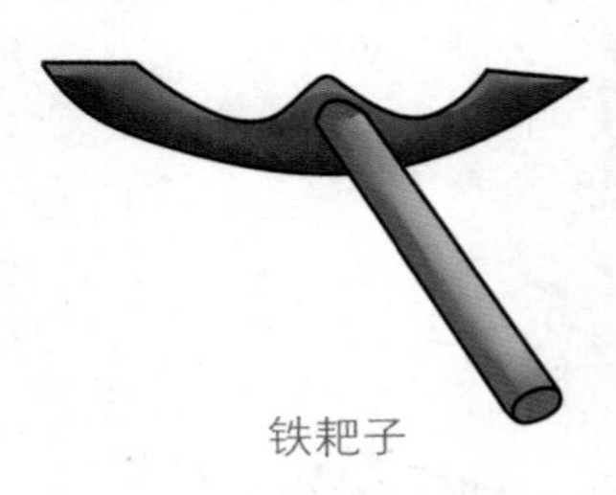

铁耙子

墩油葫芦

（2）压榨法

歇后语云：“芝麻子打油——硬挤你。”这是对传统压榨法的形象描述。传统压榨法分杠杆式（立式）压榨法、楔式（卧式）压榨法，后者较为常用。楔式压榨法是经过炒籽、碾碎、筛选、蒸料、包饼等一系列工艺流程，使芝麻籽组织结构中油路畅通。在外力作用下，挤压芝麻籽，用浅底平锅、大铁铲、石碾、蒸锅、铁箍、片状麻绳或油草或稻草、木榨、木楔子、铁锤等，将芝麻脂肪压榨出来。芝麻籽经过焙炒和石碾碾碎，采用压榨法制取的成品称“芝麻香油”。

驴拉石磨磨芝麻籽

筛选
水洗
小磨香油
小磨香油
小磨香油
油
油渣分离

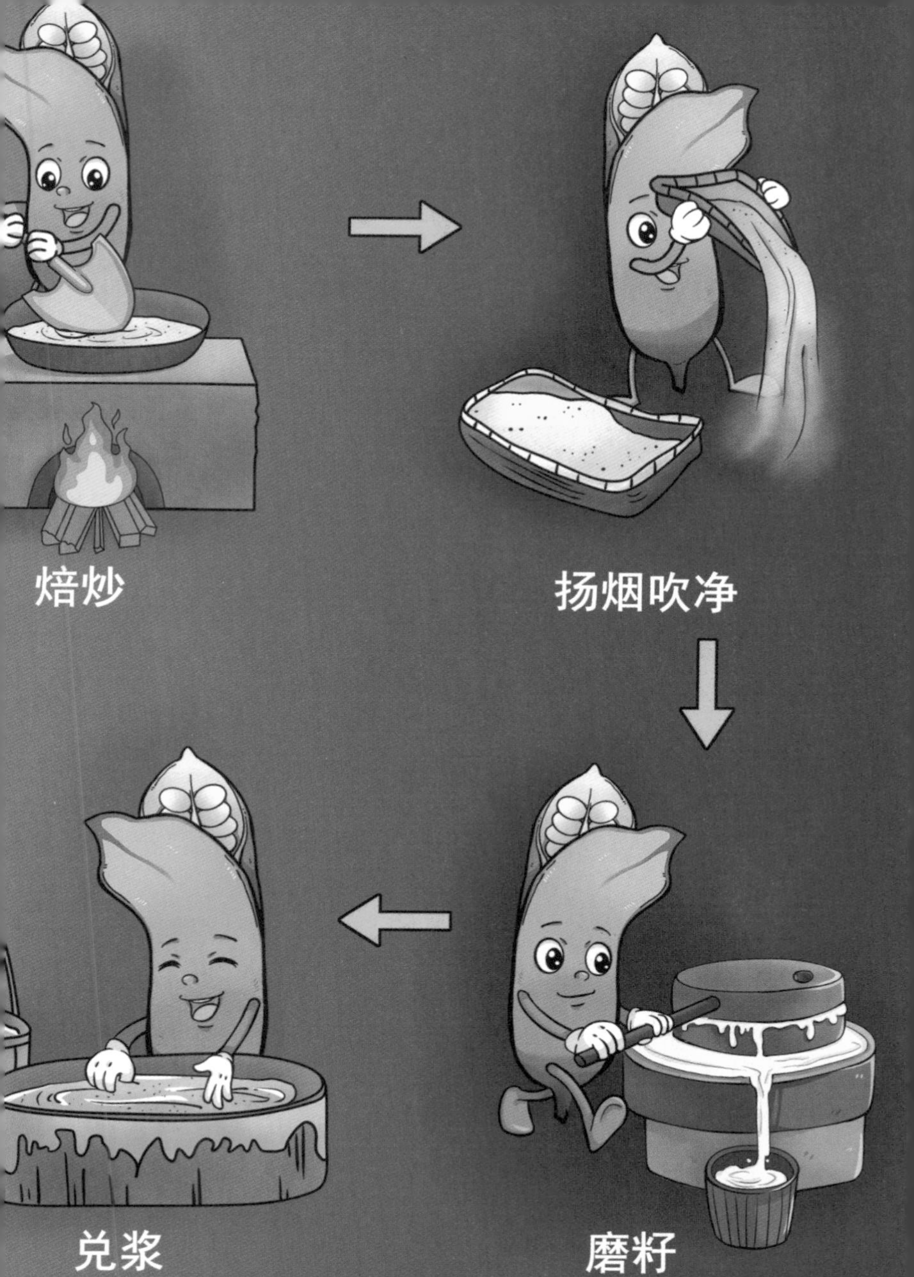

传统水代法制取小磨香油工艺流程

炒籽

芝麻香油

压榨

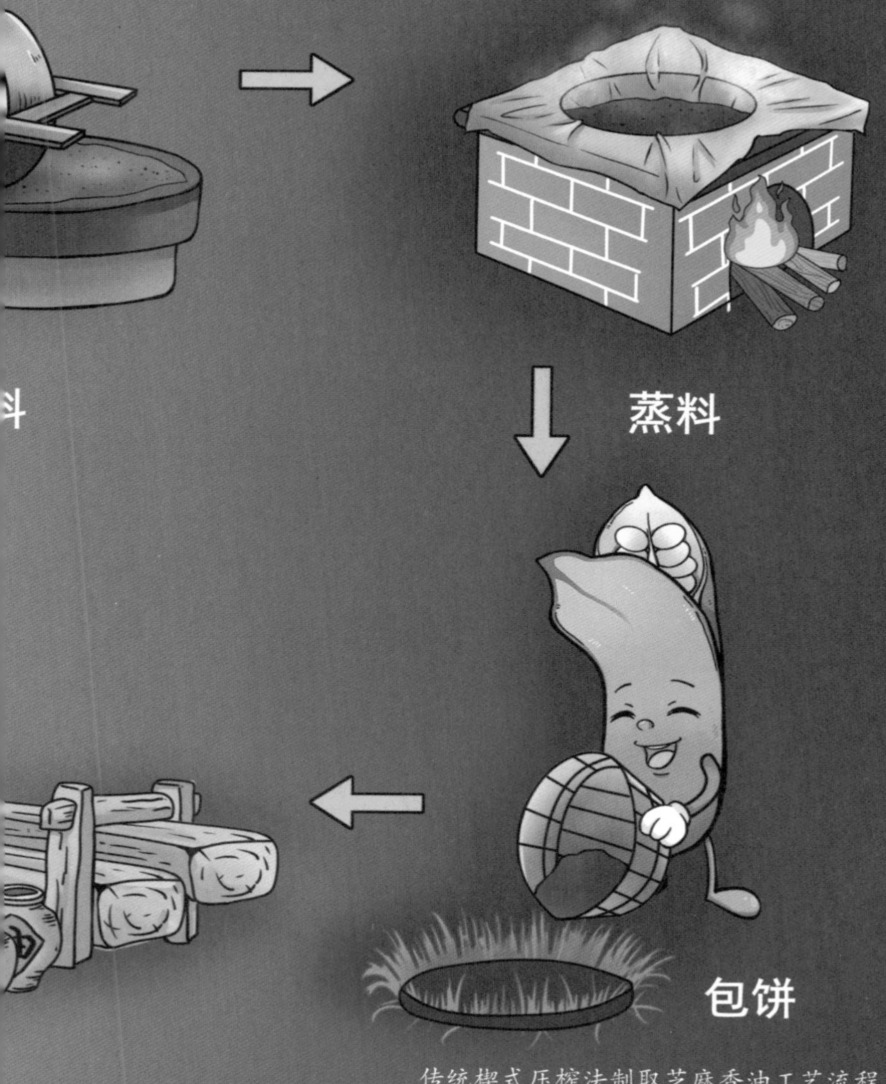

传统楔式压榨法制取芝麻香油工艺流程

芝麻香油

油坊里通常储备一些芝麻备用。歇后语云：“芝麻送到油房——想挨锤。”“锤”的谐音为“捶”，即用拳头等打，比喻自讨苦吃。也作“芝麻送到油房里——净等着挨锤。”需要用到的设备主要有大铁铲、油锤等。

炒芝麻专用的大铁铲

油锤

3. 现代制油工艺

现代制油工艺与传统制油工艺相比，制油方法有所差异，特点是：流程增长，技术精准，生产全面机械化、自动化。下面介绍主要制油方法水代法、压榨法的现代制油工艺。

（1）水代法

现代水代法，也是利用芝麻籽中非油成分对水和油的溶解力的大小，以及油和水的比重不同，经过清理、水洗、焙炒、扬烟吹净、磨籽、兑浆搅油、墩油、沉淀过滤等一系列的工艺流程，采用吸风振动平筛、永磁筒、芝麻清洗机、滚筒炒籽机、电动石磨、多功能墩油机等，将油分离出来。芝麻籽经过焙炒、电动石磨磨浆，采用水代法制取的成品称“小磨香油”。

（2）压榨法

现代压榨法，是经过清理、水洗、烘干、软化、焙炒等一系列的工艺流程，使芝麻籽组织结构中油路畅通。在机械外力作用下，挤压芝麻籽，采用吸风振动平筛、永磁筒、芝麻清洗机、振动流化床干燥机、电磁炒货机、螺旋榨油机或液压榨油机等，将芝麻脂肪压榨出来。芝麻籽经过焙炒、机械挤压，采用压榨法制取的成品称机械制取芝麻香油或机制芝麻香油，简称机制香油。压榨法按油料生产方式分为动态压

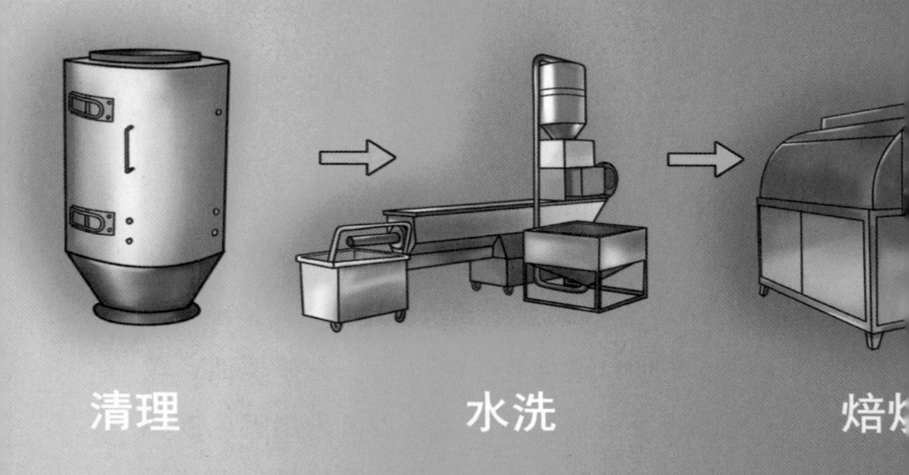
清理
水洗
焙

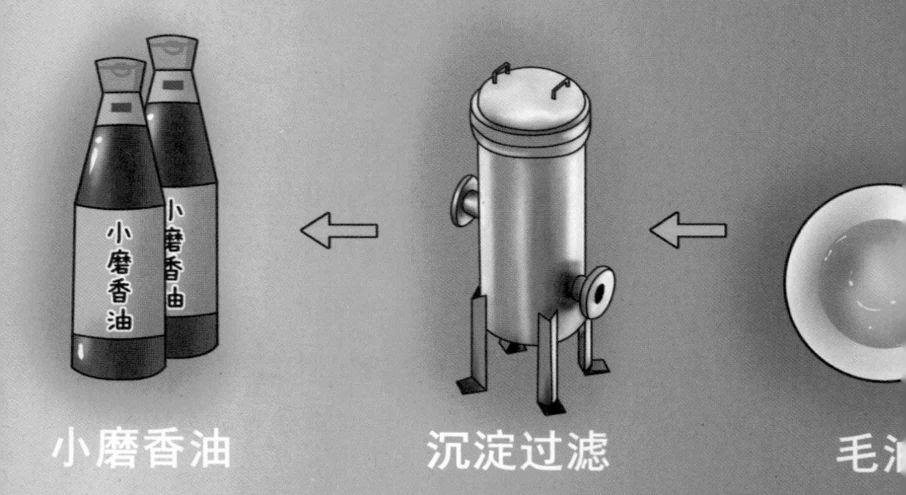
小磨香油
小磨香油
小磨香油
沉淀过滤
毛

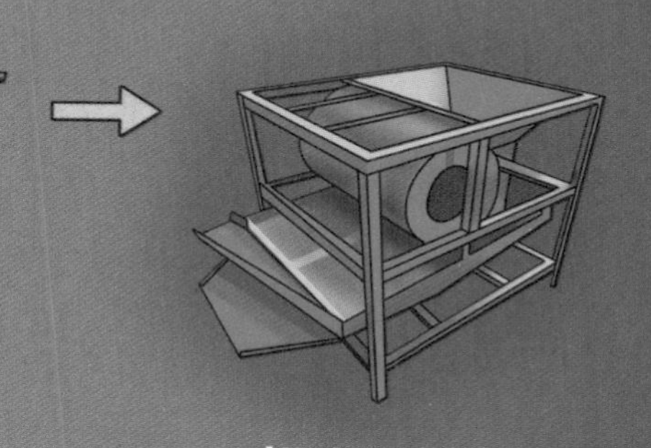

扬烟吹净

磨籽

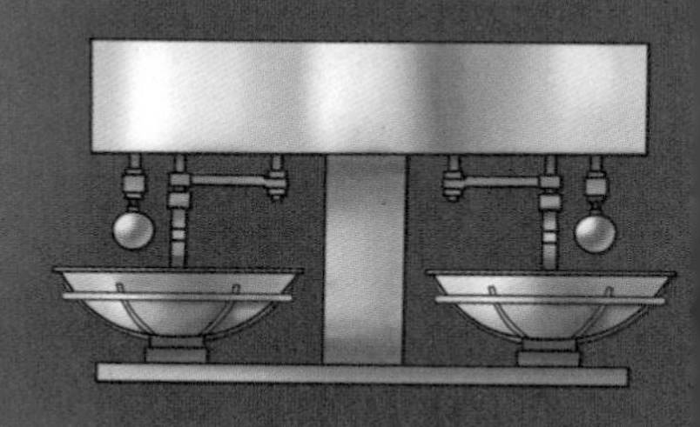

油渣分离

墩油

现代水代法制取小磨香油工艺流程

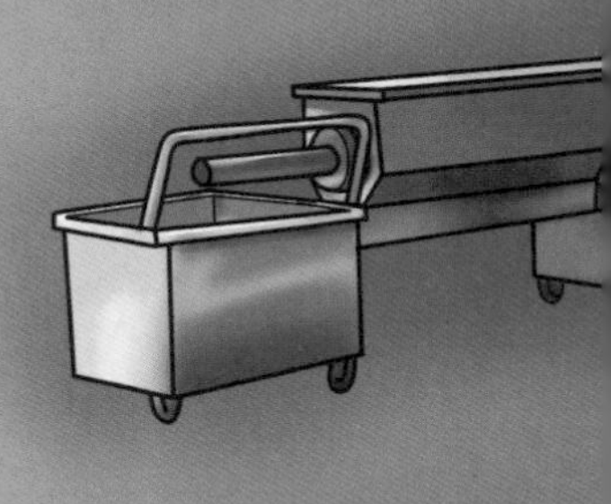

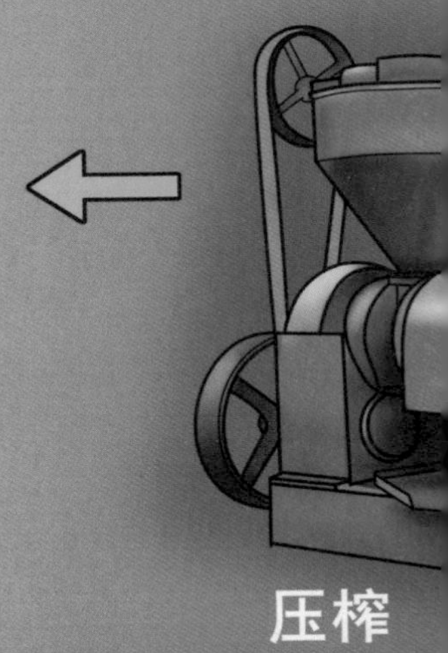

压榨

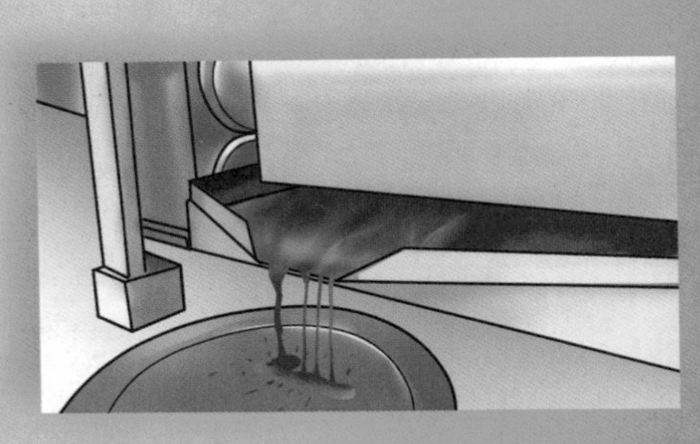

出油

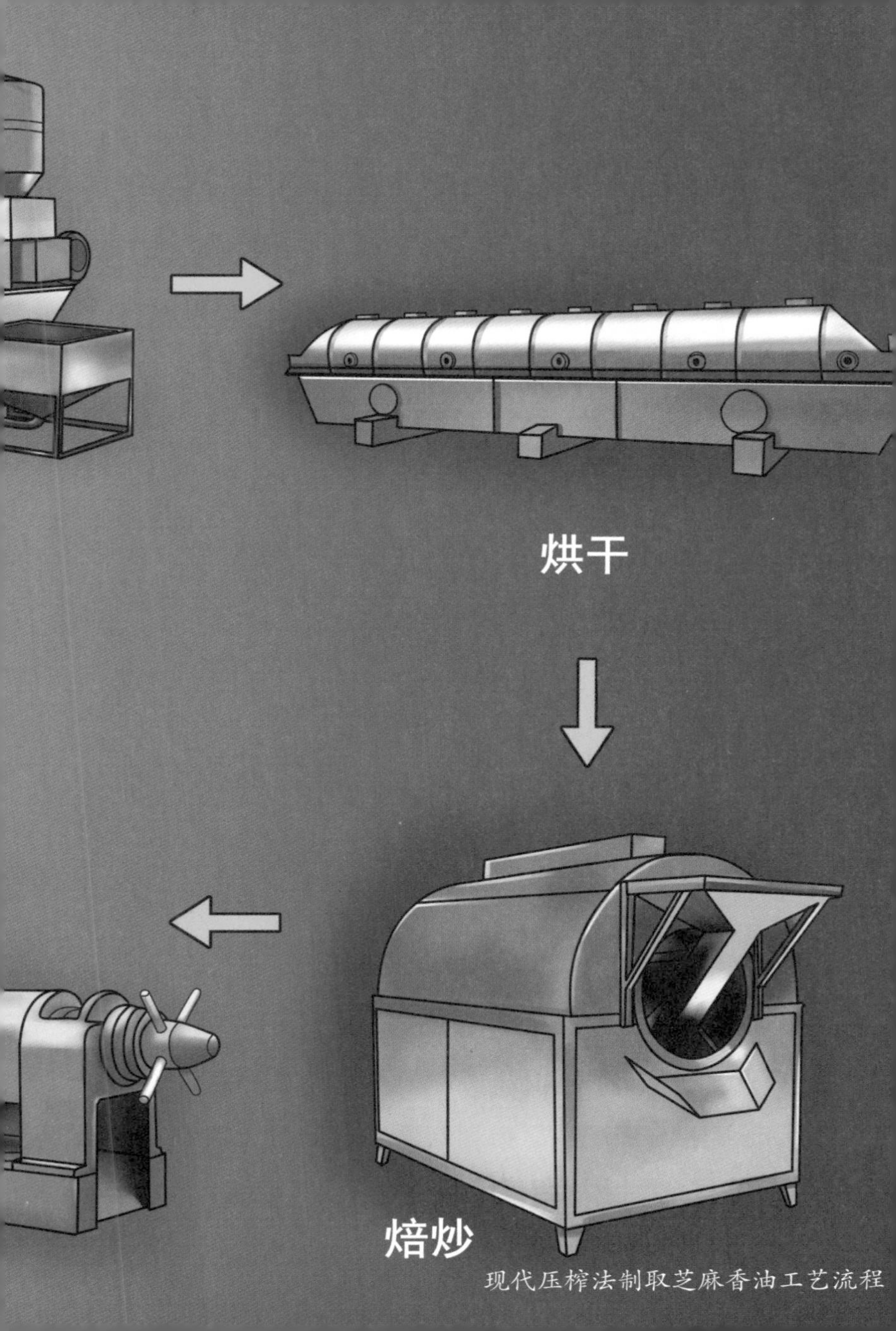

现代压榨法制取芝麻香油工艺流程

榨法和静态压榨法。动态压榨法是连续式生产的压榨法，要用螺旋榨油机。静态压榨法是间歇式（动作、变化等每隔一定时间就停止一会儿）生产的压榨法，要用液压榨油机。

液压榨油机

4. 精彩“酱”呈

芝麻酱简称“麻酱”，是利用芝麻籽，经过清理、水洗、焙炒、扬烟吹净、研磨等工序制成的产品。传统制芝麻酱采用竹筛子、浅底平锅、大铁铲、簸箕、石磨等，现代制芝麻酱采用吸风振动平筛、永磁筒、芝麻清洗机、滚筒炒籽机、电动石磨或芝麻酱研磨机。芝麻全部脱皮后制成的产品又称为“芝麻仁酱”。应当指出，制芝麻酱炒籽的温度比制芝麻香油炒籽的温度低。芝麻酱按酱的色泽分为白芝麻酱、黑芝麻酱。黑芝麻酱是指色泽为纯黑色的芝麻酱。白芝麻酱是指色泽为浅黄色、黄色、土黄色、浅黄褐色、棕黄色、褐黄色、棕色、褐色、棕褐色的芝麻酱。芝麻酱、小磨香油或芝麻香油可以当调料，凉拌菜、热干面、涮锅火锅蘸料等均有它们的身影。

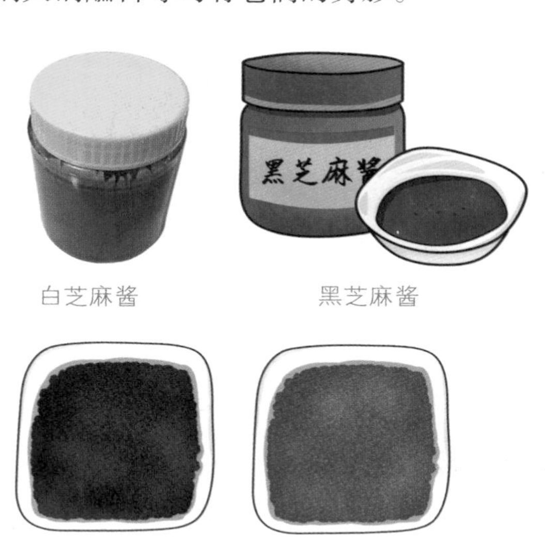

白芝麻酱　　黑芝麻酱

炒熟的不同用途的芝麻籽

水洗

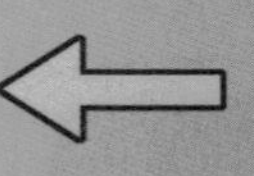

芝麻酱

磨酱

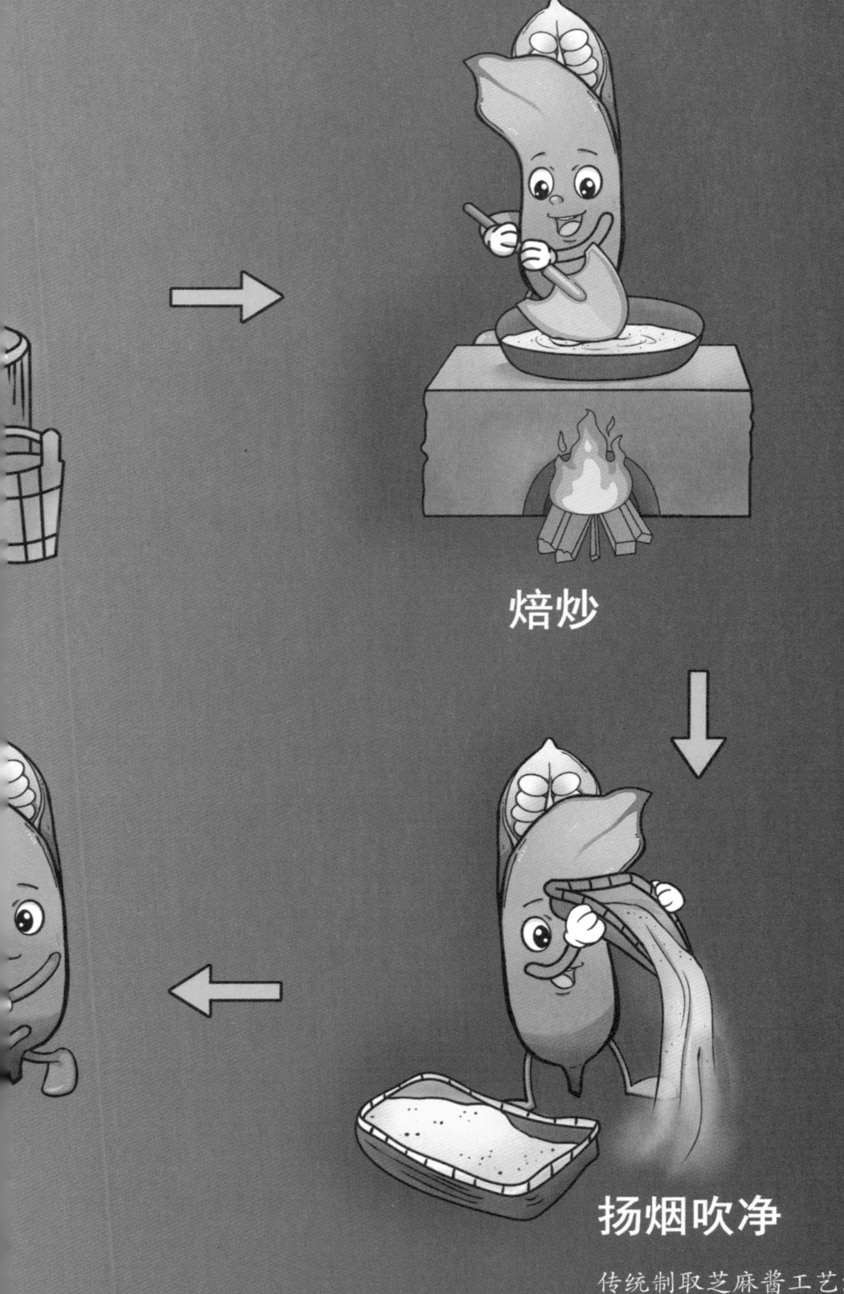

传统制取芝麻酱工艺流程

六、价值考究

谷物里也有等级之分，历史上记载八谷的内容有一些差异，《本草注》中的八谷有黍、稷、稻、粱、禾、麻、菽、麦；《天文大象赋注》中的八谷包含稻、黍、大麦、小麦、大豆、小豆、粟、麻。显然，麦、麻、稻、黍是古代公认的主要粮食。芝麻籽营养物质丰富，种类齐全，口感良好，故被誉为“八谷之冠”，至今仍是人们日常不可或缺的谷物之一。

1. 营养丰富的芝麻

芝麻籽或种子主要由种皮、胚乳和胚组成。皮很

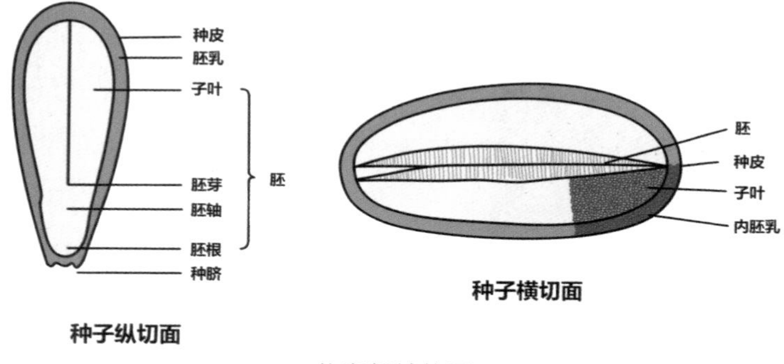

芝麻籽结构图

薄而不区分内皮、外皮，皮有白、黑、黄、褐等色。皮内由许多小油滴的细胞构成的一层薄膜叫胚乳。胚乳的内部称胚。胚包括子叶、胚芽、胚轴和胚根。子叶呈扁卵圆形，色彩为乳白，有两片，内含大量的脂类、蛋白质等物质。胚芽在两片子叶的中间。胚轴、胚根靠近种脐。

芝麻籽的营养成分主要是脂肪、蛋白质、矿物质元素、维生素、碳水化合物、芝麻酚类物质。芝麻籽平均含油量为54%，是主要油料作物中最高的，蛋白质含量22%左右，矿物质元素含量排在第一名的是钙，维生素含量排在第一名的是维生素E。

小磨香油具有醇厚浓郁的香味，受到人们的喜

干芝麻叶

爱。这些香味物质是什么？学者们借助现代仪器分析后认为，芝麻蛋白中含硫氨基酸较多，“芝麻在焙炒中含硫化合物就成了香气成分的主要物质”。

芝麻叶是芝麻生长的主要副产物。干芝麻叶可以当作蔬菜食用。芝麻叶的营养成分主要是蛋白质、脂肪、矿物质元素、多糖、黄酮类、多酚类物质和维生素。

2. 传统制品

从古至今，勤劳智慧的中国人民用芝麻籽提取了芝麻油、芝麻酱，还以芝麻籽、芝麻香油、芝麻酱、芝麻叶为原料研究制作了很多种食品。

芝麻具有容易种植、产量高、味道香醇的特点，人们直接吃或炒熟吃芝麻即可填饱肚子。南北朝齐国皇帝萧赜在位期间，长江与淮河流域一带直接将芝麻当作粮食收购。芝麻籽可以当主食。中国用芝麻籽做的主食有麻团、黑芝麻汤圆、高炉烧饼、焦馍、太后饼、胡麻饭等。

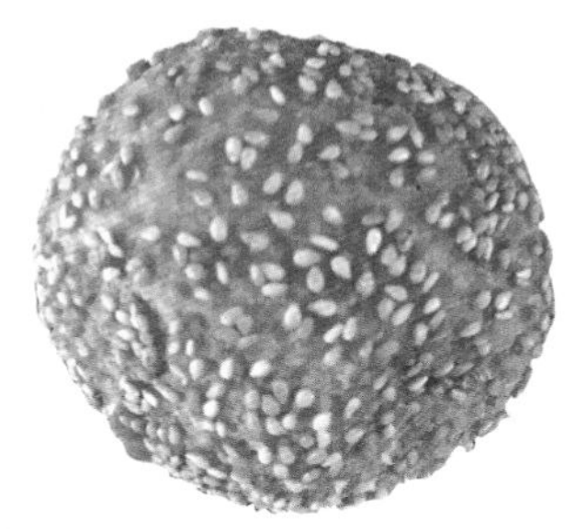

麻团

麻团。麻团又叫煎堆，北方称麻团，福建称炸枣，四川称麻圆，海南又称珍袋，广西又称油堆，是中国一种古老的传统特色油炸面食，也是广东及港澳地区常见的贺年食品，有“煎堆辘辘，金银满屋”之意。传说当年女娲娘娘白天、晚上都做事，非常辛苦，终于在新一年的正月十九日因劳累过度睡着了。她睡着后，天又开始漏了，大雨哗哗的从豁了个口子的天上往下流。大伙儿都不忍心叫醒女娲起来继续补天，又不能眼睁睁看着天就这么漏下去。于是，大家学着女娲娘娘炼石的模式，架起油锅，把糯米粉团混合芝麻揉圆压扁再搓成球状下油锅，炸成金黄后出锅，系上红线放到屋顶，以补天穿。

黑芝麻汤圆。汤圆是中国的一种代表小吃。正月十五吃汤圆最早记载是宋朝。当时称汤圆为“浮圆子”“圆子”“乳糖元子”“糖元”。传说汉武帝时期，有一个宫女名叫元宵，善于做汤圆，长期在宫

黑芝麻汤圆

里，不能与父母团聚，难忍思念之苦，想要投井自杀。这时候正好被汉武帝的宠臣东方朔看见拦下，于是就问她原因，宫女告诉他后，东方朔说一定会帮她完成心愿。于是，正月的时候，东方朔就去街边摆摊给大家占卜，结果很多人都抽到了“火神奉玉帝之命正月十六烧长安”的下下签，大家很恐慌，纷纷求解灾的办法。东方朔告诉大家去把这个问题交给皇帝，让他来出方案就好了。皇帝知道之后，求东方朔解决。于是东方朔就动员大家在正月十五都做汤圆，敬火神，让大家挂灯笼、放鞭炮瞒过玉帝。宫女元宵利用这个机会终于与家人团聚。全城平安无事，汉武帝下令以后都照此做。以后，就有了正月十五吃汤圆的习俗，这天也被称为元宵节。

高炉烧饼。中国人喜欢吃烧饼，烧饼品种多样，制作烧饼一般要在烧饼表面上撒一些芝麻籽，使做出的烧饼吃起来更香。歇后语云：“芝麻做饼——点子不少”（形容主意多、办法多），也作“芝麻打饼——点子多”。

高炉烧饼

高炉烧饼又称吊炉烧饼，是河南知名的一种食品。据说高炉烧饼是为纪念抗金英雄岳飞而得名。相传南宋高宗年间，岳飞大破金兀术后，在登封驻兵，曾在傅诚、甄兴开的店中进餐，付出金、银各一锭。岳飞在大破连环马、铁浮图之后乘胜渡河北上时，秦桧让宋高宗用十二道金牌调回，害死在风波亭上。傅诚、甄兴怀念岳飞，痛恨秦桧，就在面团里加油、盐、五香料，做成乌龟的模样，放在炉火中烤，取名烧桧，摆摊出售。人们纷纷购买，吃饼时又骂：“秦桧秦桧你是鳖，谋害忠良如蛇蝎，吃尔肉，喝尔血，先把尔的鳖盖揭。”然后，一把将焦盖揭下放入口中。有人说：“乌龟一近火就把头、尾、四肢缩入盖内，至死不出来。”于是，又改做成圆饼，外撒一层密密的芝麻。后来，这种烧饼又加工改进，变得更加香甜，被称为高炉烧饼。

焦馍。农历六月初六是一个节日，民间传说是蚂蚁生日，其特点是“六（方言念lù）月六（lù），吃焦馍”。河南、安徽北部等地过这个节日。

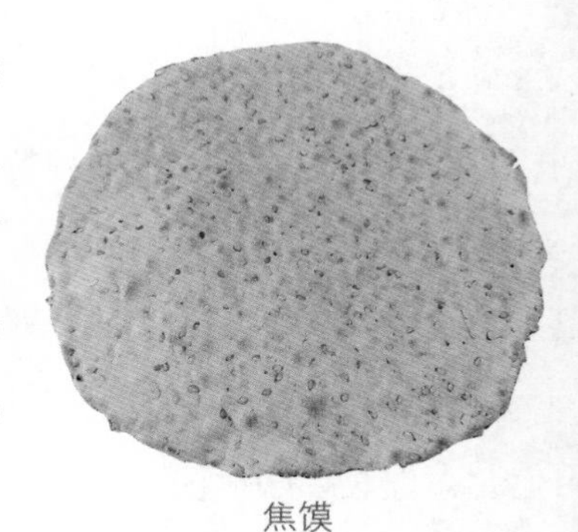
焦馍

焦馍是河南、安徽北部等地的传统特色食品。传说以前有一户穷人的女儿在地主家里当丫鬟，为了救快饿死的父母，善良聪慧的女儿每天晚上都把自己在地主家里做饭时沾到手上的白面洗到锅里，熬成面汤让父母喝。这事传到玉帝那里，玉帝认为这姑娘让自己的父母喝洗手的脏水，太不孝顺，便让阎王爷在农历六月初六下凡间拿姑娘的命。蚂蚁们对如此善良的姑娘被取命实在看不下去，于是成群结队爬到姑娘身上，使索命者看不见姑娘，姑娘就这样躲过了这次灾难。百姓们对蚂蚁们的正义行为深为感动，就将农历六月初六当作蚂蚁的生日，各家在这天都炕焦馍并且弄碎让蚂蚁吃。

太后饼。太后饼是陕西有名的小吃。传说汉文帝的母亲薄太后非常孝顺，每年都去探望母亲，每次都

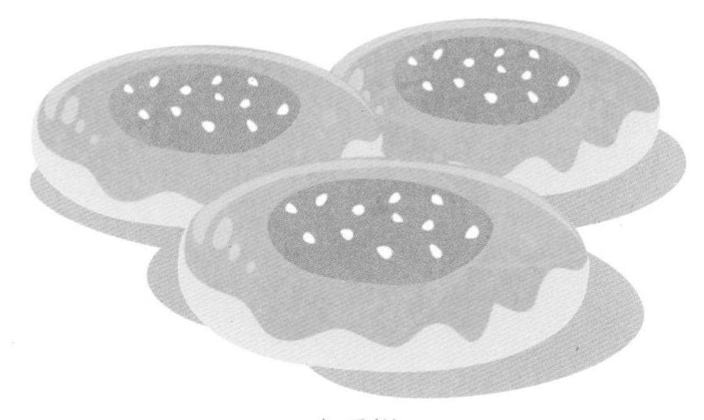

太后饼

带一些宫中佳肴。有一次，薄太后拿了一种烤饼给母亲，母亲吃后特别高兴，连连称赞。看到母亲爱吃，薄太后也十分高兴，便专门派来御厨为母亲做这种烤饼。后来，这种烤饼方法就流传到了民间。这种烤饼是薄太后敬母之饼，因此人们称之为“太后饼”，一直流传至今。

胡麻饭。这里所称的胡麻即芝麻。胡麻饭俗称“麻糍”，是把糯米蒸熟捣烂揉团再拌上芝麻、白糖等，是武夷山古老的传统小吃。传说神仙都用胡麻饭招待乡人，故称神仙饭。后人因此用“胡麻饭”表示仙人的食物。据《太平广记》之《神仙记》记载，东汉永平年间，剡县（今浙江省嵊州市）人刘晨、阮肇进入天台山采药，遇见两名女子，她们邀请二人到家

胡麻饭

里吃饭，用胡麻饭招待他俩。两名采药人在此停留了半年，还乡之后，他们发现家里已经有了七世子孙。

乾隆白菜。乾隆白菜是北京的一道名菜。传说乾隆经常身穿平民服装出宫私访。有一天，乾隆微服私访的时候走得又累又饿，看见一家饭店。在这家店里他吃到了芝麻酱拌白菜叶，感觉非常味美可口。后来，这道菜就被称为“乾隆白菜”，在北京城传开，直到现在这道菜还是北京的一道名菜。以后，这道菜又传到北京以外的一些地方。

乾隆白菜

热干面

热干面。热干面是武汉地区最出名的小吃。20世纪30年代初，武汉市黄陂县（今武汉市黄陂区）蔡明纬为了谋生来到汉口，在长堤街、满春街一带挑担卖面条，手中举个小皮鼓边摇边叫卖。生面条煮熟到顾客手中，比较费时间又费工夫。于是，他琢磨出了一种便捷方式，即把面条煮到八成熟后捞到冷水盆中浸泡，再团成一份份备用。当有顾客买面条时，他就把一个面圈放入开水锅烫一下，再倒入碗中添加调料即可。后来，他又进行改进，先做出生面条，煮到八成熟，淋水弄干，加植物油拌匀。当有顾客买面条时，他先在开水锅中烫面条，再加上芝麻酱、香葱等。他称之为麻酱面，也即热干面，深受顾客欢迎。

涮锅主蘸料。涮锅有多种，做法也不一样，主要由芝麻酱作为主蘸料，如老北京涮锅，锅底为清汤，即清水加入生姜4片、大葱3段、枸杞5克、海米10克、大枣和香菇少许。传统芝麻酱蘸料主要由芝麻酱、韭

涮锅传统芝麻酱蘸料

菜花、豆腐乳、酱油、虾油、料酒混合而成。根据自己需要，可放一些辣椒油、香菜、香葱等。该蘸料香味浓重，咸鲜香俱全。

火锅蘸料。火锅在南方和北方都有，但口味不同，蘸料有许多种。重庆火锅早期不需要蘸料，后来，以火锅汤做蘸料。20世纪八九十年代，一些人吃了火锅上火，一些人不能接受太重的辣味，人们尝试发现火锅以芝麻香油做蘸料，可以降火，味道较为温和，让刚烫完出锅的食物迅速降温。为进一步提升口感、杀菌需要，又加入蒜泥。正宗重庆火锅蘸料只是芝麻香油加蒜泥。后来，又可以添加其他自己喜欢的蘸料，如芝麻酱、豆腐乳、熟芝麻籽、韭菜花酱、香菜、香葱等。

火锅蘸料

芝麻叶。芝麻叶当作蔬菜，可以与其他食材结合制作成多种食品。如芝麻叶与面条等混合制成芝麻叶糊涂面。芝麻叶糊涂面是河南的一种特色小吃，是以干芝麻叶、面条、小葱、大蒜、姜、食盐、白胡椒粉、花生油、小磨香油为食材制作的一种面食。芝麻叶可以作馅制成芝麻叶包子。芝麻叶与豆腐等混合制成芝麻叶豆腐糊。芝麻叶与玉米面混合蒸制成芝麻叶窝头。

芝麻叶糊涂面

芝麻糖。芝麻糖是中国许多地方的传统小吃。农历腊月二十三是小年，要祭灶。传说灶王爷在每家的厨灶之间，每天都看人们生活、做事，无论好坏事都记录。在每年的祭灶日，玉皇大帝都命令灶王爷到天庭禀报人们的善恶，于是人们供奉灶王爷芝麻糖，期望新年全家吉祥平安。芝麻糖口感香、甜、黏、脆。灶王爷吃了芝麻糖，回到天庭向玉皇大帝汇报时，只言好事。

芝麻糖用芝麻、麦芽糖等制成，在中国有许多品

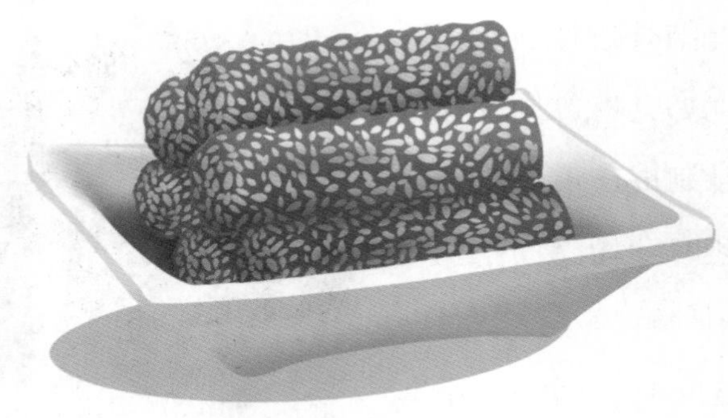

芝麻糖

种。在河南、山西、山东、江苏、重庆、河北、湖北等地都有芝麻糖。据史料记载，山西芮城县刘堡村最早制作芝麻糖，距今有650多年历史，曾为皇家贡品。

3. 医用价值

在农耕文明时代，中国人在日常生活中经过不断尝试，发现芝麻具有药用价值。据《神农本草经》说，芝麻可主治“伤中虚羸，补五内，益气力，长肌肉，填髓脑”。据《名医别录》记载，芝麻能够强健筋骨、明耳目、耐饥饿、延年寿。东晋葛洪在《抱朴子》中提出，吃了芝麻，可以防衰老、抗风湿。李时珍的《本草纲目》云，芝麻，入药以黑色的为佳。

芝麻气味甘、平、无毒。民间俗谚说：“早晚吃把黑芝麻，活到百岁无白发。”

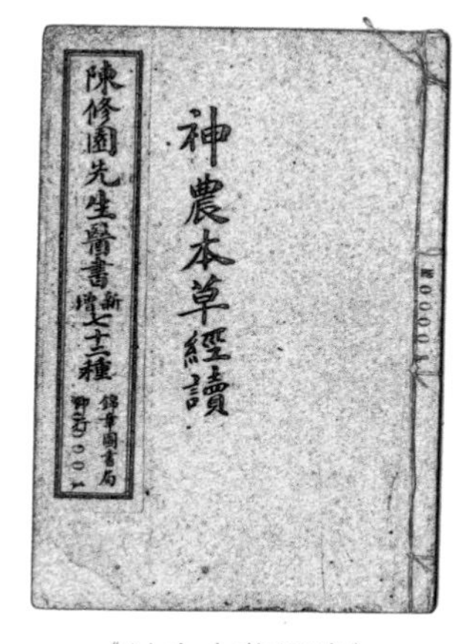

《神农本草经读》

现代医学工作者利用先进的技术和设备，对芝麻籽含有的一些成分进行萃取、开发，制成了一些具有功能性的药品，对人类身体健康产生了积极的作用。

降低低密度脂蛋白胆固醇。芝麻籽中油酸、亚油酸在人体内具有降低低密度脂蛋白胆固醇、遏制动脉粥样硬化斑块和血栓形成等功效。芝麻素具有抑制人体肠道对胆固醇的吸收以及降低血液中胆固醇含量的功能。

保护肝脏。芝麻素具有调节脂质代谢的作用，能够祛除脂肪肝，还能预防和治疗非酒精性脂肪肝。

降血压。芝麻木酚素可通过减轻血管内皮溶出的机能来降低人的高血压。

保护神经元。对大鼠连续7天注射芝麻酚后，大鼠体内的氧化应激反应明显变弱，神经细胞的衰老死亡变慢，一些炎症反应也被抑制。芝麻酚发挥了一定的保护神经作用。

抗癌和肿瘤。芝麻素能够较强的抑制一些癌症，如前列腺癌、乳腺癌、结肠癌、肺癌等，还能降低肿瘤细胞的增殖活性；芝麻酚对癌瘤细胞增殖具有较强的抑制能力。

抗氧化。芝麻木酚素对二苯基苦基苯肼及羟（qiǎng）基自由基具有一定的清除作用，并且总抗氧化能力和还原能力随芝麻木酚素浓度增加而变强。

人们也提取芝麻叶所含的一些成分，制成一些具有功能性的药品或直接食用，以治疗心血管疾病、预防糖尿病、抗氧化、治疗急慢性咽炎等。

特别提醒，以芝麻及其功能治疗疾病时，必须接受医生指导。

4. 食疗保健

几千年来，许多国家尤其是东方各国都以黑芝麻为食补、食疗、药用配方等传统的药用食物。近年来，中国国家级媒体相关报道中经常出现芝麻的影子，越来越多的人逐步认识到作为养生食品的黑芝麻颇具神奇功效。

黑芝麻丸。黑芝麻丸产生于东晋。目前，黑芝麻丸是一道广受欢迎的食补药材。唐朝医学家孙思邈在《千金要方》里这样说：“世上只有芝麻好，可惜凡人生吃了。”民间传说一位仙人得知老百姓只知道生吃黑芝麻，不了解要九蒸九晒吃黑芝麻的情况后，便给老百姓讲出了经常吃九蒸九晒的黑芝麻做成的黑芝麻丸的好处：可以使头发变黑、牙齿坚固、强化筋骨、延缓衰老，自此就代代相传下来。

古代黑芝麻丸的制法、吃法比较讲究。东晋葛洪的《抱朴子》和唐朝孙思邈的《千金要方》中均有详细记载。

现代养生专家参考上述两本古籍中的制法，研制了新的九蒸九晒黑芝麻丸。现代配料为黑芝麻、麦芽糖醇、黑豆、黑米、黑枸杞、桑葚。从中医学食疗的角度，黑芝麻丸对精血不足、须发早白、心神不安、眩晕耳鸣、四肢无力、腰膝酸软、便秘等有很好的作用。

黑芝麻丸

保护肝脏

降低胆固醇

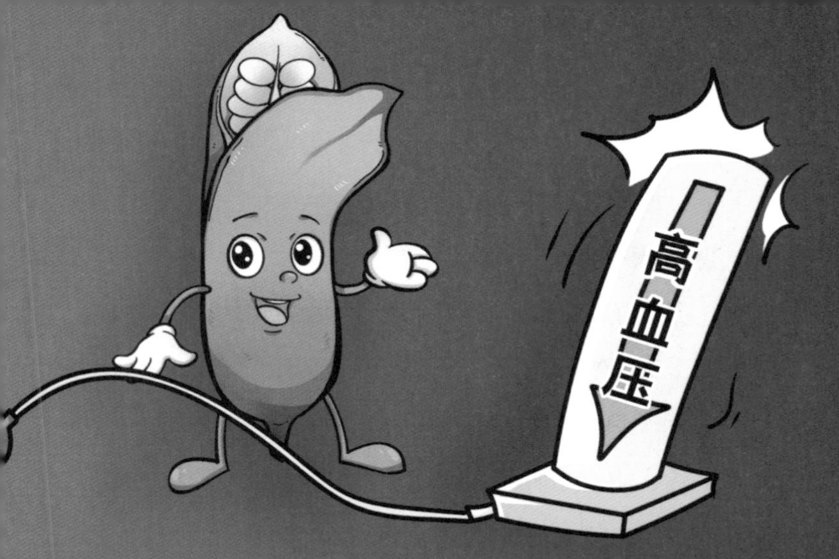

降高血压

抗癌和肿瘤

应当注意，吃黑芝麻丸一定要细嚼慢咽，避免吸收不了，便溏、痰多者不要食用。

芝麻茯苓面。北宋文学家苏轼曾经患痔疮21年。一次，他的痔疮病大发作，用什么药都不见效。他痛苦了两个多月，实在难以忍受，只好戒了酒肉，不吃盐重的食物，只吃一种清淡的面食——芝麻茯苓面。将黑芝麻去皮，九蒸九晒，再将茯苓去皮，加入少量白蜜，即做成芝麻茯苓面。芝麻茯苓面味道很好，他吃了许多天，气力不衰，痔疮也逐渐消退。这在苏轼的《与程正辅书》中有记述。至今民间还用此法辅助治疗痔疮。

拗九粥。拗九粥属于福建特产，来源于“目连救

芝麻茯苓面

痔疮

母”的传说。据说，在很久以前有一位孝子叫目连，他的母亲因生前作恶太多，死后被关在阴间牢房里。他去牢房探视母亲时，都会带去一些食物，但这些食物却被狱卒留下来自用。为了让母亲吃到自己送去的食物，目连想出一个好主意。再去探视母亲时，他把糯米、红枣、荸荠、花生、干桂圆、莲子、红糖等放在一起熬成粥，在粥盛出来后又在粥上面撒了一把黑芝麻粉，送到牢房时，狱卒看见黑乎乎的东西问：“这是什么？”目连回答：“这是熬垢（闽南语“垢”与“九”同音）粥。”狱卒认为这粥很脏，就放目连进去把粥送给了他母亲。这天是正月二十九。

根据“目连救母”的传说，据说几百年前形成了“拗九节”，是孝老爱亲的节日，是福州特有的传统节日，日期是每年农历正月二十九。该节日有一套传统节俗：煮拗九粥祭祀祖先或者送给亲朋好友，已出嫁的女儿也要送拗九粥回娘家孝敬父母。拗九粥黏糯滑

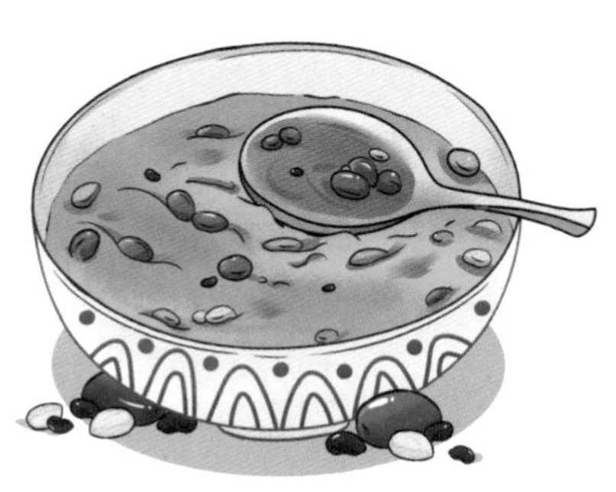
拗九粥

软，香甜可口，有健脾、润肠、补气、安神、清心、养血等功效。它可以作为日常营养配餐，尤其适宜年老体弱或病愈后脾胃虚弱者食用。

擂茶。擂茶是湖南、江西、福建、广东、广西、贵州、四川等地的传统特色食品。传说北宋时潘仁美奉宋太宗之命南下征服南汉王朝，派一小队人马经过揭西（今广东省揭阳市揭西县）进攻广州。到了河婆（今广东省揭西县河婆街道），因为士兵大多是北方人，水土不服，上吐下泻，病情严重，将领们束手无策。当地一名老妇人何婆闻讯赶来，制成了一种茶。因用擂钵，而称“擂茶”。何婆让病倒的士兵每人喝一大碗滚烫的擂茶，然后蒙头睡一觉。第二天，士兵就都恢复了健康。

擂茶

擂茶是将茶叶、芝麻、花生等原料放进擂钵里研磨后用开水冲喝的养生茶饮。擂茶分客家擂茶、湖南（非客家）擂茶两类。擂茶稠黏如糊，色呈淡咖啡色，香气扑鼻，滑溜柔润、甜爽，有止渴、提神、止饥、生津功效。客家擂茶是把茶叶、芝麻、熟花生放进擂钵里研碎，加上一些盐、香菜，用滚烫的开水冲泡而成。

在广东揭西，姑娘出嫁之前，凡是接受喜糖的邻居，也要煮一钵擂茶请新娘吃，以表示祝贺；另外，家中病人新愈，也要煮些擂茶邀请曾经照顾过病人的友邻吃，以表示感谢。

孝感麻糖。孝感麻糖是湖北著名的传统小吃。传说湖北孝感有一位孝子叫董永，与下凡的七仙女结成夫妻，并生有一子叫董宝。但王母娘娘却拆散了这对夫妻。董宝长大成人后，在预言家鬼谷子的指点下，找到了七仙姑们。她们送给董宝一碗谷子，叮嘱他每天只可以煮一粒，一天的口粮就有了。但董宝回家后，却把一碗谷子都煮了。这谷子变成了一座饭山，将董宝压在山下。后来饭山上长出一种稻子，以该稻子种出来的糯米味道甘美。孝感人以这种糯米、芝麻、绵白糖为主要原料，配以桂花、金钱橘饼等制成了孝感麻糖。

孝感麻糖形如梳子，香味扑鼻，具有补肾、滋

孝感麻糖

肝、暖肺、养胃等功效。它曾是宋朝的皇家贡品。

另外，芝麻籽、叶、茎、芝麻油是重要的工业原料。芝麻籽可制作许多种类的糕点、糖果。黑芝麻籽可以制成洗发品。近年来，人们利用芝麻叶制成袋装食品、罐头、茶叶。芝麻秸秆作为食用菌基质，用于平菇、赤松茸种植；芝麻茎秆焚烧后所提取的植物碱，可用于酿造工业；芝麻茎秆灰能够治冻疮；芝麻茎秆可以制成能够燃烧的颗粒碳、造纸等。北魏贾思勰的《齐民要术》中记载，芝麻油、猪油同浸香酒煎沸，可制成润发油。芝麻油从此进入了化妆品界。芝麻油可用于制造肥皂、药膏、润滑油等。芝麻籽榨油后的油渣含有丰富的蛋白质，可加工成蛋白粉，制作各种食品添加剂。同时，芝麻油渣是家禽的好饲料，有机成分含量高，肥效快，是很多作物的优质肥料。

随着科学技术的发展，人们将利用芝麻制造出更多的商品，以此满足人民群众日益增长的更多需要。

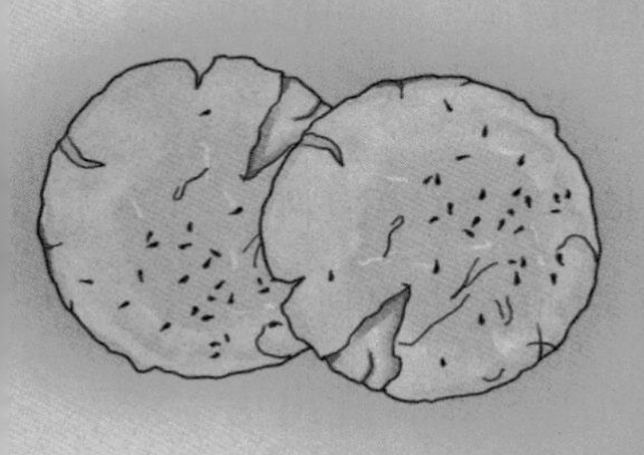

桃酥

麻叶

黑芝麻洗发水

芝麻叶茶

糯米饼

赤松茸

蛋白粉

肥皂

七、谈典未来

1. 关于芝麻的那些事儿

（1）食用油票

大家现在已经实现了吃油随意，超市里琳琅满目的食用油让人眼花缭乱。芝麻油也是品类繁多。但你不知道的是，从20世纪50年代中期到90年代初，我国的食用油曾经非常短缺，如果想吃油，必须凭“食用油票”（购买食用植物油的票）去粮油店购买，没有油票就买不到油，而且居民每月的食用油都有定量。

食用油票是中央、省级及其下属的粮食部门、粮食管理所、粮站印发的，上海、天津、安徽、北京等地都按照个人的定量印发过。食用油票的图案体现了各个城市的特色，大多数展现的是作物、售油设备或者销售情景。如武汉市在1967年印发的粮油机动票，图案集中展现了粮油店中粮油备货买卖的情景，图中，粮油备货充足；粮食职工有3人，分工明确，1人在开票收钱，1人在卖油，1人在称粮；买粮油者有8人，1人在付钱开票，2人在排队买油，2人在排队买粮，一家3口在买粮油后走出粮店。

武汉市地方粮油机动票

因为资源短缺、定额限量，有的食用油票的面额特别小，如“5分5厘”油票（被吉尼斯世界纪录冠以“世界面额最小的油票”），相当于现在的0.0055斤。该食用油票是河南省镇平县在1965年专门印发的。为什么要印发这么小面额的食用油票呢？当时该

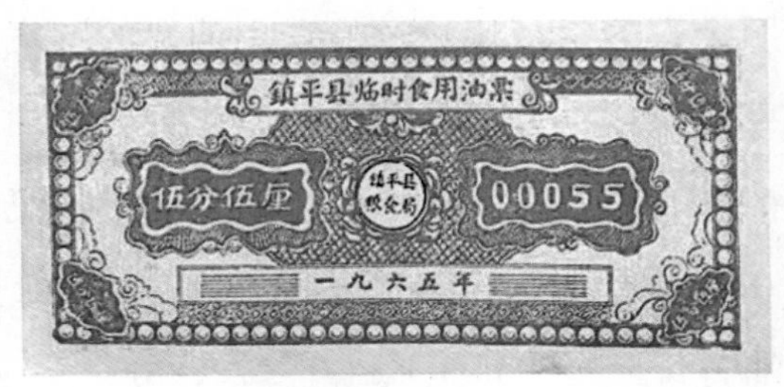

镇平县临时食用油票

县派出工作队队员深入农村工作时在农民家吃饭，那时队员每人每月供应食油0.5斤，队员在农民家里吃1顿饭就付给1 张面额为“5分5厘”（0.0055 斤）的食用油票。粮食部门面对面额这么小的食用油票怎样卖出食油呢? 据说, 当时人们买食用油时必须带上一小团棉纱，售货员将棉纱放到油桶里蘸一下，再拿到天平上称重量，若超过重量，就将棉纱放回油桶里捏一下，达到合适重量为止。

虽然经过几代人的努力，食用油短缺的时代已经过去，但我们不能忘记那段艰难的历史。我们要珍惜每一粒粮食，节约用油，这既是中华民族的传统美德，也是每个公民应尽的义务。

北京市香油购买票

驻马店市流动食油票（芝麻油）

北京市香油票

泰州市食油券

襄樊市通用油票

（2）芝麻，开门

阿拉伯民间故事集《一千零一夜》里讲述了一个“阿里巴巴和四十大盗”的故事。

传说，有一天，阿里巴巴赶着三头毛驴去上山砍柴。他在返回的路上，遇到一队人马，害怕被抢，他就将毛驴牵进树林中，自己躲到一棵枝叶茂盛的大树上。那棵大树旁边有一个巨大险峭的石头。他从树上看到，这伙人是40个年轻人，他们下马后取下沉甸甸的鞍袋，其中一个看着像是头目。他来到那块大石头前，说道：“芝麻，开门！”话音刚落，大石头前出现一道宽阔的门，强盗们鱼贯而入，之后，那门就自动关闭了。过了一会儿，门又开了，强盗们全部出来后，头目说道：“芝麻，关门！”于是，那门又自动关闭了。随后强盗们都上马扬长而去。

阿里巴巴在强盗们都离开后下了树。他想，我要尝试一下我念这句咒语是否有效，便大声说道："芝麻，开门！"没想到，那门竟然开了！

他小心翼翼地走进洞里，门又自动关上。他看到洞里有许多金银财宝，就拿了几袋金币，大声说道："芝麻，开门！"门便打开了。他走出门，说："芝麻，关门！"门随即关闭。

后来，阿里巴巴及其家人一起除掉了这伙强盗，安心地经营生意，生活越来越富足。他还乐善好施，

藏宝洞

把山洞里的财宝分给穷人，让大家都过上了幸福的生活。

（3）芝麻鸟

传说，从前有一户农家，住着父亲、母亲和两个儿子。大儿子叫浩谷，他的亲生母亲已经去世。小儿子叫布谷，是继母所生。布谷妈害怕浩谷长大之后可能分割家里的财产，就想害死他。一天，布谷妈准备了两小袋芝麻种子，把一袋炒熟的芝麻种子递给了浩谷，而将另一袋生芝麻种子递给了布谷。布谷妈要求兄弟俩去山上自家的地里种芝麻，并且提出回家的条件是：谁种下的芝麻发了芽，谁才可以回家。浩谷、布谷按照要求上山去了，他们走在半路上感觉饿了，就拿出一些芝麻吃起来。浩谷的芝麻种子是炒熟的，吃着香香的，布谷的芝麻种子是生的，味道不好，布谷就要求与浩谷换种子，浩谷答应了他。到山上自家的地里之后，他们都种下了芝麻种子。浩谷的芝麻种子6天后就发芽了，他就回

芝麻鸟

家了。布谷种下的芝麻种子过了好多天都没有发芽，他一个人在山上遇到饥饿的狼就被狼吃掉了。布谷妈上山找不着布谷很伤感，死后变成了一只鸟儿，在每年春末夏初时飞来飞去，非常悲痛地大声召唤："布谷！布谷！"这种鸟被称为芝麻鸟。

2. 芝麻种植未来

高产多抗且适宜机械化的芝麻品种将不断出现且得到推广。选育推广抗病害、抗涝、抗倒伏、抗裂蒴、抗落粒且适用于机械收割的芝麻新品种，可以增加芝麻产量，还会降低芝麻生产成本，增加种植收益，提高生产者的积极性。因而，要加大力度研制出较多的高产多抗且适宜机械化的芝麻品种，并且推广给生产者，使生产者获得较多收益。2020年9月16日，在湖北老河口市适宜机械收割的芝麻新品种"中芝75"通过鉴定，它具有高抗涝、高抗旱、抗落粒特性，使用中国农业科学院油料作物研究所等研制的芝麻收割机，每亩可增加种植收入400元。

绿色高产高效种植模式不断得到应用。使用病虫草害绿色防控技术，可以减少芝麻农药残留，提升芝

芝麻收割机工作情景

麻产品品质，更好满足人民健康生活需要，也将增加生产者的收益。如2018年，湖北老河口市实行芝麻“好品种+好技术+科学管理”的绿色高产高效种植模式，种植鄂芝8号，比传统种植模式每亩增加收入307元。

后记

在南京出版社和师高民教授约写《花开节高·芝麻》一书之初，我倚仗有二。一是我出生于初露中华文明的贾湖遗址所在地舞阳县农村，上中小学时利用假期做农活，挣工分，在芝麻地拔草，收割芝麻，还在晾晒芝麻植株的长队之间玩过游戏。二是1949年以前，我的先辈们一起在村里开过油坊，在方圆10千米范围内声誉很好。1949年以后，村生产大队开办了油坊，我的父亲、家族几个叔叔等应招参与。小时候，我经常到油坊玩，亲眼看到父亲赤胸露臂挥舞铁锤的雄姿，至今记忆犹新，历历在目；我还看到家里使用油篓装粮食。

当我仔细阅读出版策划书，按其要求列出目录，又要撰写成科普书时，备感责任重大、任务艰巨。《花开节高·芝麻》作为“中国饭碗”系列丛书之一，符合中国高质量发展时代要求，必将产生悠久影响，跻身作者队伍，有机会向全国粮食、农业学界众多专家学习，非常荣幸。但是，该书是提供给广大读者特别是青少年的科普读物，对相关知识、历史等的介绍必须慎之又慎，以免误人子弟。撰写该书的任务之所以艰巨，是因为该书涉及面较广，需要了解芝麻的植物特性、种植、加工、储藏，以及芝麻制品、医用食疗保健作用等。在“节粮爱粮”的责任驱使下，只有认真学习深刻理解芝麻相关知识，才能完成写作任务。

写作中，我亲自参加了芝麻种植和芝麻制品的一些实践活动。在2022年7月试种芝麻，并且开花结出了蒴果。在家里准备食材，制作了焦馍、芝麻叶糊涂面、乾隆白菜等，体验了传统制品制作的艰辛和美味。还观摩了热干面、高炉烧饼制作的全过程，对师傅们娴熟绝妙的技艺深表佩服。

前人栽树，后人乘凉。本书在编写过程中借鉴、引用了许多学者的研究成果，也得到了河南工业大学周瑞宝教授等学者的指导，在此不一一列举，特向各位学者、支持者、帮助者深表谢意！

作为编者，对书稿进行了许多次修改，备感自己知识储备之不足，学习理解不够深入，描绘之乏力，错漏难以避免，敬请读者批评指正！

2022年10月5日 于学府花园